Premiere Pro CS6
标准培训教程

数字艺术教育研究室 编著

人民邮电出版社
北京

图书在版编目（ＣＩＰ）数据

Premiere Pro CS6标准培训教程 / 数字艺术教育研究室编著. -- 北京：人民邮电出版社，2018.10（2024.6重印）
ISBN 978-7-115-49107-7

Ⅰ. ①P… Ⅱ. ①数… Ⅲ. ①视频编辑软件－教材
Ⅳ. ①TN94

中国版本图书馆CIP数据核字(2018)第192134号

内 容 提 要

本书全面系统地介绍 Premiere Pro CS6 的基本操作方法及影视编辑技巧，内容包括初识 Premiere Pro CS6，影视剪辑技术，视频转场效果，视频特效应用，调色、抠像与叠加，字幕与字幕特技，加入音频效果，文件输出，以及商业案例实训等。本书既突出基础知识的讲解，又重视实践性应用。

本书内容均以课堂案例为主线，通过对各案例实际操作的讲解，使读者可以快速上手，熟悉软件功能和影视后期编辑思路。书中的软件功能解析部分，可以使读者深入学习软件功能。课堂练习和课后习题，可以拓展读者的实际应用能力，提高读者的软件使用技巧。商业案例实训可以帮助读者快速地掌握影视后期制作的设计理念和设计元素，顺利达到实战水平。

本书附带学习资源，内容包括书中所有案例的素材及效果文件，读者可通过在线方式获取这些资源，具体方法请参看本书前言。

本书适合作为相关院校和培训机构艺术专业课程的教材，也可作为 Premiere Pro CS6 自学人士的参考用书。

◆ 编　著　数字艺术教育研究室
责任编辑　张丹丹
责任印制　陈　犇

◆ 人民邮电出版社出版发行　　北京市丰台区成寿寺路 11 号
邮编　100164　　电子邮件　315@ptpress.com.cn
网址　http://www.ptpress.com.cn
廊坊市印艺阁数字科技有限公司印刷

◆ 开本：700×1000　1/16
印张：14.5　　　　　　　　2018 年 10 月第 1 版
字数：341 千字　　　　　　2024 年 6 月河北第 8 次印刷

定价：59.80 元

读者服务热线：(010)81055410　印装质量热线：(010)81055316
反盗版热线：(010)81055315
广告经营许可证：京东市监广登字20170147号

前　言

　　Premiere是由Adobe公司开发的影视编辑软件，它功能强大、易学易用，深受广大影视制作爱好者和影视后期编辑人员的喜爱，已经成为这一领域非常流行的软件。目前，我国很多院校和培训机构的艺术专业都将Premiere作为一门重要的专业课程。为了帮助院校和培训机构的教师比较全面、系统地讲授这门课程，使学生能够熟练地使用Premiere来进行影视编辑，数字艺术教育研究室组织院校从事Premiere教学的教师和专业影视制作公司经验丰富的设计师共同编写了本书。

　　我们对本书的编写体例做了精心的设计，按照"课堂案例－软件功能解析－课堂练习－课后习题"这一思路进行编排，力求通过课堂案例演练，使读者快速熟悉软件功能和影视后期制作的设计思路；通过软件功能解析，使读者深入学习软件功能和制作特色；通过课堂练习和课后习题，拓展读者的实际应用能力。在内容编写方面，我们力求细致全面、突出重点；在文字叙述方面，我们注意言简意赅、通俗易懂；在案例选取方面，我们强调案例的针对性和实用性。

　　本书附带学习资源，内容包括书中所有案例的素材及效果文件。读者在学完本书内容以后，可以调用这些资源进行深入练习。这些学习资源文件均可在线获取，扫描"资源获取"二维码，关注我们的微信公众号，即可得到资源文件获取方式。另外，购买本书作为授课教材的教师也可以通过该方式获得教师专享资源，其中包括教学大纲、教案、PPT课件，以及课堂案例、课堂练习和课后习题的教学视频等相关教学资源包。如需资源获取技术支持，请致函szys@ptpress.com.cn。同时，读者可以扫描"在线视频"二维码观看本书所有案例视频。本书的参考学时为44学时，其中实训环节为18学时，各章的参考学时可以参见下面的学时分配表。

资源获取

在线视频

章　序	课程内容	学时分配	
		讲　授	实　训
第1章	初识Premiere Pro CS6	2	
第2章	影视剪辑技术	2	2
第3章	视频转场效果	3	2
第4章	视频特效应用	4	2
第5章	调色、抠像与叠加	3	2
第6章	字幕与字幕特技	4	2
第7章	加入音频效果	4	2

章　序	课程内容	学时分配	
		讲　授	实　训
第8章	文件输出	2	2
第9章	商业案例实训	2	4
课 时 总 计		26	18

由于时间仓促，我们的编写水平有限，书中难免存在错误和不妥之处，敬请广大读者批评指正。

编　者

2018年8月

目　录

第 *1* 章

初识Premiere Pro CS6

本章介绍

本章对Premiere Pro CS6的概述、基本操作进行详细讲解。通过对本章的学习，读者可以快速了解并掌握Premiere Pro CS6的入门知识，为后续章节的学习打下坚实的基础。

学习目标

- ◆ 了解Premiere Pro CS6的工作界面。
- ◆ 熟悉"项目"面板的功能及应用。
- ◆ 了解其他面板的应用。
- ◆ 掌握Premiere Pro CS6 的基本操作方法。

技能目标

- ◆ 熟练掌握项目文件的新建和保存方法。
- ◆ 熟练掌握素材文件的导入及属性的设置。

1.1 Premiere Pro CS6概述

启动Premiere Pro CS6后，初学者可能会对工作窗口或面板感到束手无策。本节将对用户的操作界面、"项目"面板、"时间线"面板、"监视器"面板和其他面板及菜单命令进行详细的讲解。

1.1.1 认识用户操作界面

Premiere Pro CS6用户操作界面如图1-1所示，从图中可以看出，Premiere Pro CS6的用户操作界面由标题栏、菜单栏、"源"/"特效控制台"/"调音台"面板组、"节目"面板、"项目"/"历史记录"/"效果"面板组、"时间线"面板、"音频仪表"面板、"工具"面板等组成。

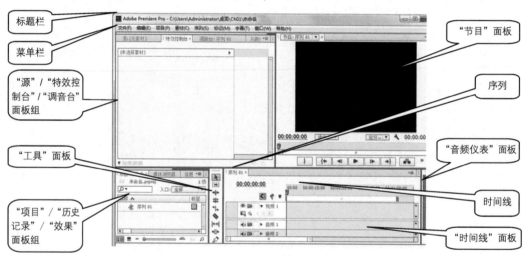

图1-1

1.1.2 熟悉"项目"面板

"项目"面板主要用于输入、组织和存放供"时间线"面板编辑合成的原始素材，如图1-2所示。按<Ctrl>+<PageUp>组合键，切换到列表的状态，如图1-3所示。单击"项目"面板右上方的▼≡按钮，在弹出的菜单中可以选择面板及相关功能的显示/隐藏方式，如图1-4所示。

图1-2

图1-3

图1-4

在图标状态时，将光标置于视频图标上左右移动，可以查看不同时间点的视频内容。

在列表状态时，可以查看素材的基本属性，包括素材的名称、媒体格式、视音频信息、数据量等。

在"项目"面板下方的工具栏中共有7个功

能按钮，从左至右分别为"列表视图"按钮▤、"图标视图"按钮▣、"自动匹配序列"按钮▥、"查找"按钮🔍、"新建文件夹"按钮▣、"新建分项"按钮▣和"清除"按钮▣。各按钮的含义如下。

"列表视图"按钮▤：单击此按钮可以将素材窗中的素材以列表形式显示。

"图标视图"按钮▣：单击此按钮可以将素材窗中的素材以图标形式显示。

"自动匹配序列"按钮▥：单击此按钮可以将素材自动调整到时间线。

"查找"按钮🔍：单击此按钮可以按提示快速查找素材。

"新建文件夹"按钮▣：单击此按钮可以新建文件夹以便管理素材。

"新建分项"按钮▣：分类文件中包含多项不同素材的名称文件，单击此按钮可以为素材添加分类，以便更有序地进行管理。

"清除"按钮▣：选中不需要的文件，单击此按钮即可将其删除。

1.1.3 认识"时间线"面板

"时间线"面板是Premiere Pro CS6的核心部分，在编辑影片的过程中，大部分工作都是在"时间线"面板中完成的。通过"时间线"面板，可以轻松地实现对素材的剪辑、插入、复制、粘贴、修整等操作，如图1-5所示。

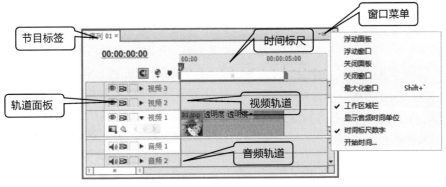

图1-5

"吸附"按钮▣：单击此按钮可以启动吸附功能，这时在"时间线"面板中拖动素材，素材将自动黏合到邻近素材的边缘。

"设置Encore章节标记"按钮▣：用于设定Encore主菜单标记。

"切换轨道输出"按钮👁：单击此按钮可设置是否在监视窗口显示该影片。

"切换轨道输出"按钮🔊：激活该按钮，可以播放声音，反之则是静音。

"轨道锁定开关"按钮🔒：单击该按钮，当按钮变成🔒状时，当前轨道被锁定，处于不能编辑状态；当按钮变成■状时，可以编辑操作该轨道。

"折叠−展开轨道"▶：隐藏/展开视频轨道

工具栏或音频轨道工具栏。

"设置显示样式"按钮▣：单击此按钮将弹出下拉菜单，在此菜单中可选择显示的命令。

"显示关键帧"按钮◎：单击此按钮可选择显示当前关键帧的方式。

"设置显示样式"按钮▣：单击该按钮，弹出下拉菜单，在菜单中可以根据需要对音频轨道素材显示方式进行选择。

"转到下一关键帧"按钮▶：将时间指针定位在被选素材轨道上的下一个关键帧上。

"添加−移除关键帧"按钮◎：在时间指针所处的位置上，在轨道中被选素材的当前位置上添加/移除关键帧。

"转到前一关键帧"按钮 ◀：将时间指针定位在被选素材轨道上的上一个关键帧上。

滑块 |：放大/缩小音频轨中关键帧的显示程度。

"添加标记"按钮 ♥：单击此按钮，可在当前帧的位置上设置标记。

时间码 00:00:00:00 ：在这里显示播放影片的进度。

节目标签：单击相应的标签可以在不同的节目间相互切换。

轨道面板：对轨道的退缩、锁定等参数进行设置。

时间标尺：对剪辑的组进行时间定位。

窗口菜单：对时间单位及剪辑参数进行设置。

视频轨道：为影片进行视频剪辑的轨道。

音频轨道：为影片进行音频剪辑的轨道。

1.1.4 认识"监视器"窗口

监视器窗口分为"源"窗口和"节目"窗口，分别如图1-6和图1-7所示，所有编辑或未编辑的影片片段都在此显示效果。

图1-6

图1-7

"添加标记"按钮 ♥：设置影片片段未编号标记。

"标记入点"按钮 {：设置当前影片位置的起始点。

"标记出点"按钮 }：设置当前影片位置的结束点。

"跳转到入点"按钮 ｜◀：单击此按钮，可

将时间标记 ♥ 移到起始点位置。

"逐帧退"按钮 ◀｜：此按钮是对素材进行逐帧倒播的控制按钮，每单击一次该按钮，播放就会后退1帧；按住<Shift>键的同时单击此按钮，每次后退5帧。

"播放-停止切换"按钮 ▶/■：控制监视器窗口中的素材时，单击此按钮会从监视器窗口中时间标记 ♥ 的当前位置开始播放；在"节目"监视器窗口中，在播放时按<J>键可以进行倒播。

"逐帧进"按钮 ｜▶：此按钮是对素材进行逐帧播放的控制按钮，每单击一次该按钮，播放就会前进1帧；按住<Shift>键的同时单击此按钮，每次前进5帧。

"跳转到出点"按钮 ▶｜：单击此按钮，可将时间标记 ♥ 移到结束点位置。

"插入"按钮：单击此按钮，当插入一段影片时，重叠的片段将后移。

"覆盖"按钮：单击此按钮，当插入一段影片时，重叠的片段将被覆盖。

"提升"按钮：用于将轨道上入点与出点之间的内容删除，删除之后仍然留有空间。

"提取"按钮：用于将轨道上入点与出点之间的内容删除，删除之后不留空间，后面的素材会自动连接前面的素材。

"导出单帧"按钮 ◎：可导出一帧的影视画面。

分别单击面板右下方的"按钮编辑器"按钮 ⊞，弹出如图1-8、图1-9所示的面板。面板中包含一些已有和未显示的按钮。

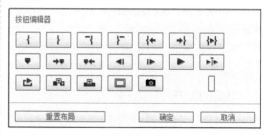
图1-8

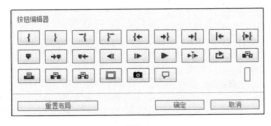

图1-9

"清除入点"按钮 ：清除设置的标记入点。

"清除出点"按钮 ：清除设置的标记出点。

"播放入点到出点"按钮 ：单击此按钮，在播放素材时，只在定义的入点与出点之间播放素材。

"转到下一标记"按钮 ：单击此按钮跳转到当前位置的下一个标记处。

"转到前一标记"按钮 ：单击此按钮跳转到当前位置的前一个标记处。

"播放临近区域"按钮 ：单击此按钮，将播放时间标记 的当前位置前后2秒的内容。

"循环"按钮 ：是控制循环播放的按钮。单击此按钮，监视器窗口就会不断循环播放素材，直至按下停止按钮。

"安全框"按钮 ：单击该按钮可为影片设置安全边界线，以防影片画面太大播放不完整，再次单击可隐藏安全线。

"跳转到下一个编辑点"按钮 ：表示到同一轨道上当前编辑点的后一个编辑点。

"跳转到前一个编辑点"按钮 ：表示到同一轨道上当前编辑点的前一个编辑点。

"隐藏式字幕"按钮 ：是为听力有障碍或者无音条件下观看节目的观众所准备的对白、现时场景的声音和配乐等信息。

可以直接将面板中需要的按钮拖曳到下面的显示框中，如图1-10所示，松开鼠标，按钮添加到面板中，如图1-11所示。单击"确定"按钮，所选按钮显示在面板中，如图1-12所示。可以用

相同的方法添加多个按钮，如图1-13所示。

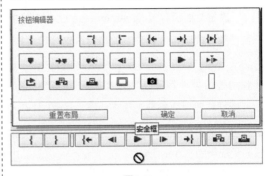

图1-10

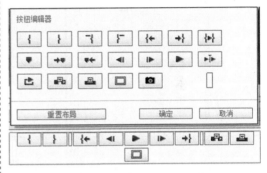

图1-11

图1-12　　　　　　　图1-13

若要恢复默认的布局，再次单击面板右下方的"按钮编辑器"按钮 ，在弹出的面板中单击"重新布局"按钮，再单击"确定"按钮，即可恢复。

1.1.5　其他功能面板概述

除了以上介绍的面板，在Premiere Pro CS6中还提供了其他一些方便编辑操作的功能面板，下面逐一进行介绍。

1. "效果"面板

"效果"面板存放着Premiere Pro CS6自带的各种音频、视频特效和预设的特效，这些特效按照功能分为5大类，包括音频特效、视频特效、音频切换效果、视频切换效果及预置特效，每一大类又按照效果细分为很多小类，如图1-14所示。用户安装的第三方特效插件也会出现在该面板的相应类别文件中。

图1-14

默认设置下，"效果"面板与"历史"面板、"信息"面板合并为一个面板组，单击"效果"标签，即可切换到"效果"面板。

2. "特效控制台"面板

同"效果"面板一样，在Premiere Pro CS6的默认设置下，"特效控制台"与"源"监视器面板、"调音台"面板合为一个面板组。"特效控制台"面板主要用于控制对象的运动、透明度、切换及特效等设置，如图1-15所示。当为某一段素材添加了音频、视频或转场特效后，就需要在该面板中进行相应的参数设置和添加关键帧，画面的运动特效也在这里进行设置，该面板会根据素材和特效的不同而显示不同的内容。

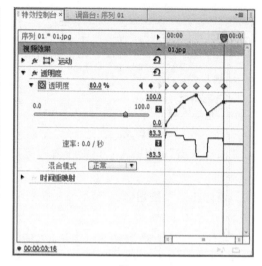

图1-15

3. "调音台"面板

该面板可以更加有效地调节项目的音频，可以实时混合各轨道的音频对象，如图1-16所示。

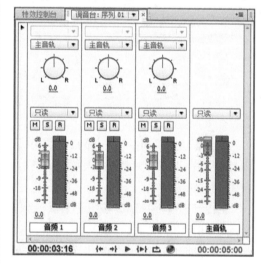

图1-16

4. "历史"面板

"历史"面板可以记录用户从建立项目以来进行的所有操作，如果在执行了错误操作后单击该面板中相应的命令，即可撤销错误操作并重新返回到错误操作之前的某一个状态，如图1-17所示。

图1-17

5. "信息"面板

在Premiere Pro CS6中，"信息"面板作为一个独立面板显示，其主要功能是集中显示所选定素材对象的各项信息。不同的对象，其"信息"面板的内容也不尽相同，如图1-18所示。

图1-18

默认设置下，"信息"面板是空白的，如果在"时间线"面板中放入一个素材并选中它，"信息"面板将显示选中素材的信息，如果有过渡，则显示过渡的信息；如果选定的是一段视频素材，"信息"面板将显示该素材的类型、持续时间、帧速率、入点、出点及光标的位置；如果是静止图片，"信息"面板将显示素材的类型、持续时间、帧速率、开始点、结束点及光标的位置。

6. "工具"面板

"工具"面板主要用来对时间线中的音频、视频等内容进行编辑，如图1-19所示。

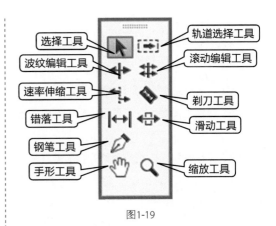

图1-19

1.1.6 Premiere菜单命令介绍

1. "文件"菜单

"文件"菜单包括的子菜单如图1-20所示，主要用于新建、打开、保存、导入、导出、页面设置、采集视频、采集音频、观看影片属性、打印内容等。

图1-20

"新建"：包括以下14个子命令。

（1）"项目"：可以创建一个新的项目文件。

（2）"序列"：可以创建一个新的合成序列，从而进行编辑合成。

（3）"序列来自素材"：使用文件中已有的

序列来新建序列。

（4）"文件夹"：在项目面板中创建项目文件夹。

（5）"脱机文件"：创建离线编辑的文件。

（6）"调整图层"：在项目面板中创建调整图层。

（7）"字幕"：建立一个新的字幕窗口。

（8）"Photoshop文件"：建立一个Photoshop文件，系统会自动启动Photoshop软件。

（9）"彩条"：在此可以建立一个10帧的色条片段。

（10）"黑场"：可以建立一个黑屏文件。

（11）"彩色蒙板"：在"时间线"窗口中叠加特技效果时，为被叠加的素材设置固定的背景色彩。

（12）"HD彩条"：用来创建HD彩条文件。

（13）"通用倒计时片头"：用来创建倒计时的视频素材。

（14）"透明视频"：用来创建透明的视频素材文件。

"打开项目"：打开已经存在的项目、素材或影片等文件。

"打开最近项目"：打开最近编辑过的文件。

"在Adobe Bridge中浏览"：用于浏览需要的项目文件，在打开另一个项目文件或新建项目文件前，用户最好先将当前项目保存。

"关闭项目"：关闭当前操作的项目文件。

"关闭"：关闭当前选取的面板。

"存储"：将当前正在编辑的文件项目或字幕以原来的文件名进行保存。

"存储为"：将当前正在编辑的文件项目或字幕以新的文件进行保存。

"存储副本"：将当前正在编辑的文件项目或字幕以副本的形式进行保存。

"返回"：放弃对当前文件项目的编辑，使项目回到最近的存储状态。

"采集"：从外部视频、音频设备捕获视频和音频文件素材。有3种捕获方式，即音频、视频同时捕获，音频捕获和视频捕获。

"批采集"：通过视频设备进行多段视频的采集，以供后面的非编辑操作。

"Adobe动态链接"：使用该命令可以使Premiere与After Effects更加有机地结合起来。

"Adobe Story"：使用该命令可以使Premiere与Story更加有机地结合起来。

"发送到Adobe SpeedGrade(s)…"：将选取的序列保存为Adobe SpeedGrade格式的文件。

"从媒体资源管理器导入"：从媒体浏览器中导入素材。

"导入"：在当前的文件中导入需要的外部素材文件。

"导入最近使用文件"：列出最近时期内的所有软件中导入的文件，如果要重复使用，在此可以直接导入使用。

"导出"：用于将工作区域栏中的内容以设定的格式输出为图像、影片、单帧、音频文件或字幕文件等。

"获取属性"：可以从中了解影片的详细信息，文件的大小、视频／音频的轨道数目、影片长度、平均的帧率、音频的各种指示与有关的压缩设置等都可以在这里一览无余。

"在Adobe Bridge中显示"：执行该命令，可以在Bridge管理器中显示最新的影片。

"退出"：选择该命令，将退出Premiere Pro CS6程序。

2．"编辑"菜单

"编辑"菜单包括的内容如图1-21所示，主要用于复制、粘贴、剪切、撤销、清除等参数设置。

图1-21

"撤销"：用于取消上一步的操作，返回到上一步之前的编辑状态。

"重做"：用于恢复撤销操作前的状态，避免重复性操作。该命令与撤销命令的次数理论上是无限次的，具体次数取决于计算机的内存容量大小。

"剪切"：将当前文件直接剪切到其他地方，原文件不存在。

"复制"：将当前文件复制，原文件依旧保留。

"粘贴"：将剪切或复制的文件粘贴到相应的位置。

"粘贴插入"：将剪切或复制的文件在指定的位置以插入的方式粘贴。

"粘贴属性"：将其他素材片段上的一些属性粘贴到选定的素材片段上，这些属性包括一些过渡特技、滤镜和设置的一些运动效果等。

"清除"：用于消除所选中的内容。

"波纹删除"：可以删除两个素材之间的间距，所有未锁定的剪辑就会移动并填补这个空隙，即被删除素材后面的内容将自动向前移动。

"副本"：复制"项目"面板中选定的素材，以创建其副本。

"全选"：选定当前窗口中的所有素材或对象。

"取消全选"：取消对当前窗口中所有素材或对象的选定。

"查找"：根据名称、标签、类型、持续时间或出入点在"项目"面板中定位素材。

"查找脸部"：根据文件名或字符串进行快速查找。

"标签"：该命令用于定义时间线面板中素材片段的标签颜色。在"时间线"上选中素材片段后，再选择"标签"子菜单中的任意一种颜色，即可改变素材片段的标签颜色。

"编辑原始资源"：用于将选中的原始素材在外部程序软件（如Adobe Photoshop等）中进行编辑。此操作将改变原始素材。

"在Adobe Audition中编辑"：选择该命令可在Adobe Audition中编辑声音素材。

"在Adobe Photoshop中编辑"：选择该命令可在Adobe Photoshop中编辑图像素材。

"键盘快捷方式"：该命令可以分别为应用程序、窗口、工具等进行键盘快捷键设置。

"首选项"：用于对保存格式、自动保存等一系列的环境参数进行设置。

3. "项目"菜单

"项目"菜单中的命令主要用于管理项目以及项目中的素材，如项目设置、链接媒体、自动匹配序列、导入批处理列表、导出批处理列表、项目管理等。

"项目设置"：用于设置当前项目文件的一些基本参数，包括"常规"和"暂存盘"两个子命令，如图1-22所示。

"链接媒体"：用于将"项目"面板中的素材与外部的视频文件、音频文件、网络媒介等链接起来。

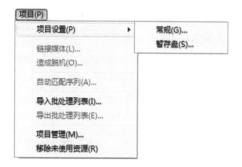

图1-22

"造成脱机"：该命令与"链接媒体"命令相对立，用于取消"项目"面板中的素材与外部视频文件、音频文件、网络等媒介的链接。

"自动匹配序列"：将"项目"面板中选定的素材按顺序自动排列到"时间线"面板的轨道上。

"导入批处理列表"：用于从硬盘中导入一个Premiere格式的批处理文件列表。批处理列表即标记磁带号、入点、出点、素材、注释等信息的.txt文件或.csv文件。

"导出批处理列表"：用于将Premiere格式的批量列表导出到硬盘上。只有视频/音频媒体数据才能导出成批量的列表。

"项目管理"：用于管理项目文件或使用的素材，它可以排除未使用的素材，同时可以将项目文件与未使用的素材进行搜集并放置在同一个文件夹中。

"移除未使用资源"：选择该命令，可以从"项目"面板中删除整个项目中未被使用的素材，这样可以减小文件的大小。

4. "素材"菜单

"素材"菜单中包括了大部分的剪辑影片命令，如图1-23所示。

"重命名"：将选定的素材重新命名。

"制作子剪辑"：在"源素材"面板中为当前编辑的素材创建子素材。

"编辑子剪辑"：用于编辑子素材的切入点和切出点。

"脱机编辑"：对脱机素材进行注释编辑。

"源设置"：用于对外部的采集设备进行设置。

图1-23

"修改"：对源素材的音频声道、视频参数及时间码进行修改。

"视频选项"：设置视频素材的各选项，如图1-24所示，其子菜单命令分别介绍如下。

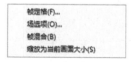

图1-24

（1）**"帧定格"**：设置一个素材的入点、出点或0标记点的帧保持静止。

（2）**"场选项"**：设置冻结帧时、场的交互。

（3）"帧混合"：使视频前后帧之间交叉重叠，通常情况下是被选中的。

（4）"缩放为当前画面大小"：在"时间线"面板中选中一段素材，选择该命令，所选素材在节目监视器窗口中将自动满屏。

"音频选项"：调整音频素材的各选项，如图1-25所示，其子菜单命令分别介绍如下。

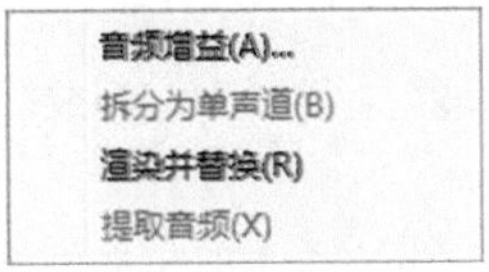

图1-25

（1）"音频增益"：提高或降低音量。

（2）"拆分为单声道"：将源素材的音频声道拆为两个独立的音频素材。

（3）"渲染并替换"：预览并在项目窗口中创建合成音频文件。

（4）"提取音频"：在源素材中提取音频素材，提取后的音频素材格式为MAV。

"分析内容"：快速分析、编码素材。

"速度/持续时间"：用于设置素材播放的速度。

"移除效果"：可移除运动、透明度、音频、音量等关键帧动画。

"采集设置"：设置采集素材时的控制参数。

"插入"：将"项目"面板中的素材或"来源"监视器面板中已经设置好入点与出点的素材插入到"时间线"面板中时间标记所在的位置。

"覆盖"：将"项目"面板中的素材或在"来源"监视器面板中已经设置好入点与出点的素材插入到"时间线"面板中时间标记所在的位置，并覆盖该位置原有的素材片段。

"替换素材"：用新选择的素材文件替换"项目"窗口中指定的旧素材。

"替换素材"：此命令包含3个子菜单，如图1-26所示，其子菜单命令分别介绍如下。

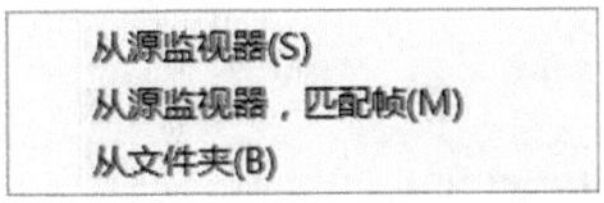

图1-26

（1）"从源监视器"：将当前素材替换为"Source"窗口中的素材。

（2）"从源监视器，匹配帧"：将当前素材替换为"Source"窗口中的素材，并选择与其时间相同的素材进行匹配。

（3）"从文件夹"：从该素材的源路径进行相关的素材替换。

"启用"：激活当前选中的素材。

"解除视音频链接"：选择该命令，可在"时间线"面板中解除视频和音频文件的链接。

"编组"：将影片中的几个素材暂时组合成一个整体。

"解组"：将影片中组合成一个整体的素材分解成多个影片片段。

"同步"：按照起始时间、结束时间或时间码，将"时间线"面板中的素材对齐。

"合并素材"：将多个素材合并为一个素材。

"嵌套"：从时间线轨道中选择一组素材，将它们打包成一个序列。

"创建多机位源序列"：将多个素材创建为一个多机位源序列。

"多机位"：可用于从4个不同的视频源编辑多个影视片段。

5. "序列"菜单

"序列"菜单主要用于在"时间线"窗口中对项目片段进行编辑、管理、设置轨道属性等操作，如图1-27所示。

"序列设置"：更改序列参数，如视频制式、播放速率和画面尺寸等。

"渲染工作区域内的效果"：用内存来渲染和预览指定工作区内的素材。

"渲染完整工作区域"：用内存来渲染和预览整个工作区内的素材。

图1-27

"渲染音频"：只渲染音频素材。

"删除渲染文件"：删除所有与当前项目工程关联的渲染文件。

"删除工作区域渲染文件"：删除工作区指定的渲染文件。

"匹配帧"：在"源"面板中显示时间标记的当前位置所匹配的帧图像。

"添加编辑点"：以当前时间指针为起点，切断在"时间线"上当前轨道中的素材。

"添加编辑点到所有轨道"：以当前时间指针为起点，切断在"时间线"上所有轨道的素材。

"修剪编辑"：在"时间线"面板中修剪素材。

"伸缩选择的编辑点到指示器位置"：将素材中选择的编辑点伸缩到指示器位置。

"应用视频过渡效果"：此命令主要用于视频素材的转换。

"应用音频过渡效果"：此命令主要用于音频素材的转换。

"应用默认过渡效果到所选择区域"：将默认的过渡效果应用到所选择的素材。

"提升"：此命令主要是将监视器窗口中所选定的源素材插入到编辑线所在的位置。

"提取"：此命令主要是将监视器窗口中所选定的源素材覆盖到编辑线所在位置的素材上。

"放大/缩小"：对"时间线"窗口中的时间显示比例进行放大和缩小，方便进行视频和音频片段的编辑。

"跳转间隔"：跳转到序列或轨道中的下一段或前一段。

"吸附"：此命令主要用来决定是否让选择的素材具有吸附效果，将素材的边缘自动对齐。

"标准化主音轨"：统一设置主音频的音量值。

"添加轨道"：此命令主要用来增加序列的编辑轨道。

"删除轨道"：此命令主要用来删除序列的编辑轨道。

6. "标记"菜单

"标记"菜单主要用于对"时间线"面板中的素材标记和监视器中的素材标记进行编辑处理，如图1-28所示。

"标记入点、出点"：在"时间线"面板中设置视频和音频素材的入点或出点。

"标记素材"：在"时间线"面板中标记视频和音频素材。

"标记选择"：在"时间线"面板中选择标记素材。

"标记拆分"：在"源"窗口中拆分视频和音频的入点或出点。

"跳转入点、出点"：使用此命令指向某个素材标记，如转到下一个标记入点或出点。此命令只有在设置完素材标记以后方可使用。

"转到拆分"：在"源"窗口将时间标记跳转到拆分的音频或视频的入点或出点。

"清除入点、出点"：清除标记的入点或出点。

"清除入点和出点"：清除标记的入点和出点。

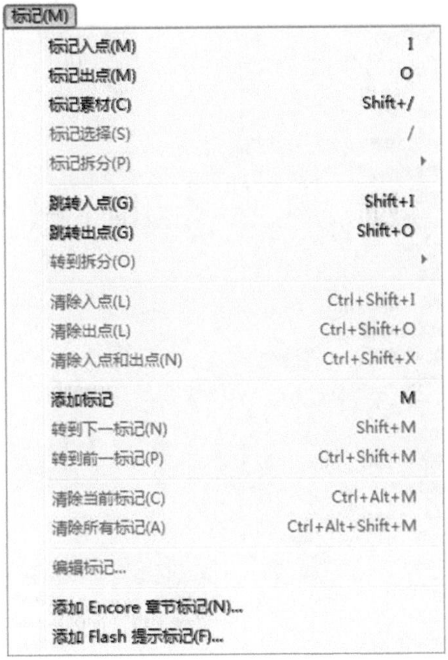

标记(M)	
标记入点(M)	I
标记出点(M)	O
标记素材(C)	Shift+/
标记选择(S)	/
标记拆分(P)	
跳转入点(G)	Shift+I
跳转出点(G)	Shift+O
转到拆分(O)	▶
清除入点(L)	Ctrl+Shift+I
清除出点(L)	Ctrl+Shift+O
清除入点和出点(N)	Ctrl+Shift+X
添加标记	M
转到下一标记(N)	Shift+M
转到前一标记(P)	Ctrl+Shift+M
清除当前标记(C)	Ctrl+Alt+M
清除所有标记(A)	Ctrl+Alt+Shift+M
编辑标记...	
添加 Encore 章节标记(N)...	
添加 Flash 提示标记(F)...	

图1-28

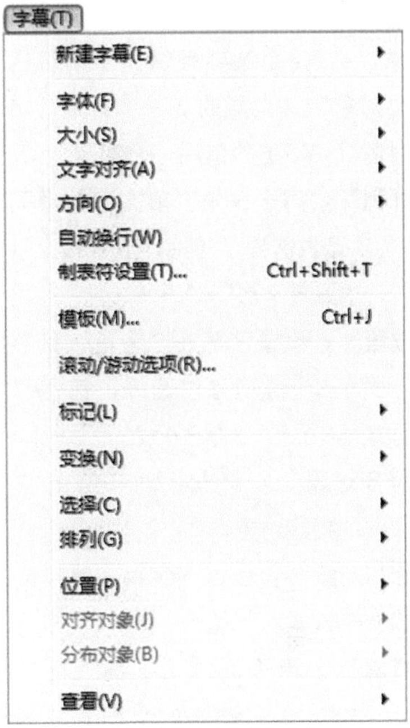

字幕(T)	
新建字幕(E)	▶
字体(F)	▶
大小(S)	▶
文字对齐(A)	▶
方向(O)	▶
自动换行(W)	
制表符设置(T)...	Ctrl+Shift+T
模板(M)...	Ctrl+J
滚动/游动选项(R)...	
标记(L)	▶
变换(N)	▶
选择(C)	▶
排列(G)	▶
位置(P)	▶
对齐对象(J)	▶
分布对象(B)	▶
查看(V)	▶

图1-29

"添加标记"：在时间标记█的当前位置为素材添加标记。

"转到下一标记"：将时间标记█跳转到下一个标记处。

"转到前一标记"：将时间标记█跳转到前一个标记处。

"清除当前标记"：清除时间标记█所在位置的标记。

"清除所有标记"：清除"时间线"面板中的所有标记。

"编辑标记"：使用该命令可以编辑时间线标记，如指定超链接、编辑注释等。

"添加Encore章节标记"：设定Encore标记，如场景、主菜单等。

"添加Flash提示标记"：设置Flash交互式提示标记。

7. "字幕"菜单

"字幕"菜单包括的内容如图1-29所示，主要用于对打开的字幕进行编辑。双击素材库中的某个字幕文件，可以打开字幕窗口进行编辑。

"新建字幕"：该命令用于创建一个字幕文件。

"字体"：设置当前"字幕工具"面板中字幕的字体。

"大小"：设置当前"字幕工具"面板中字幕的大小。

"文字对齐"：设置字幕文字的对齐方式，包括左对齐、居中、右对齐。

"方向"：设置字幕的排列方向，包括水平和垂直。

"自动换行"：设置"字幕工具"面板中字幕是否根据自定义文本框自动换行。

"制表符设置"：设置"字幕工具"面板中的制表定位符。

"模板"：Premiere为用户提供了丰富的模板，使用该命令可以打开字幕模板。

"滚动/游动选项"：设置字幕文字的滚动方式。

"标记"：用于在字幕中插入或编辑图形。

"变换"：用于精确设置字幕中文字的位置、大小、旋转和透明度。

"选择"：用于轮回选择"字幕工具"面板中的对象，共有4个选项可供选择，包括"上层的第一个对象""上层的下一个对象""下层的第一个对象""下层的最后一个对象"。

"排列"：用于改变当前文字的排列方式，共有4个选项可供选择，包括"放置最上层""上移一层""放置最下层""下移一层"。

"位置"：设置字幕在"字幕工具"面板中的位置，共有3个选项可供选择，包括"水平居中""垂直居中""下方三分之一处"。

"对齐对象"：将文字对齐当前"字幕工具"面板中的指定对象。

"分布对象"：设置"字幕工具"面板中选定对象的分布方式。

"查看"：用于选择"字幕工具"面板的视图显示方式，如"动作安全框""字幕安全框""字幕基线""制表符标记"等。

8."窗口"菜单

"窗口"菜单包括的内容如图1-30所示，主要用于管理工作区域的各个窗口，包括工作区的设置、历史面板、工具面板、效果面板、时间线面板、源监视器窗口、特效控制台窗口、节目监视器窗口和项目面板等。

"工作区"：用于切换不同模式的工作窗口。该命令包括"Editing"模式、"Effects"模式、"元数据记录"模式、"效果"模式、"编辑"模式、"编辑（CS5.5）"模式、"色彩校正"模式、"音频""新建工作区""删除工作区""重置当前工作区""导入项目中的工作区"，如图1-31所示。

"最大化窗口"：可将选取的窗口最大化显示，再次选择可恢复窗口的大小。

"VST编辑器"：用于显示/隐藏VST编辑器窗口。

"事件"：用于显示"事件"对话框，图1-32所示为"事件"窗口的操作界面，用于记录项目编辑过程中的事件。

图1-30

图1-31

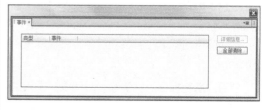

图1-32

"信息"：用于显示或关闭"信息"面板，该面板中显示的是当前所选素材的文件名、类型、时间长度等信息。

"修剪监视器"：用于显示或关闭"修剪监视器"窗口，该窗口主要用于对图像进行修整处理。

"元数据"：用于显示/隐藏元数据信息面板。

"历史"：用于显示"历史"面板，该面板记录了从建立项目以来所进行的所有操作。

"参考监视器"：用于显示或关闭"参考监

视器"窗口，该窗口用于对编辑的图像进行实时监控。

"多机位监视器"：用于显示或关闭"多机位监视器"面板，在该面板中可以对画面进行监控。

"媒体浏览器"：用于显示/隐藏媒体浏览窗口。

"字幕动作"：用于显示或关闭"字幕动作"面板，该面板主要用于对单个或多个对象进行对齐、排列和分布的调整。

"字幕属性"：用于显示或关闭"字幕属性"面板。在"字幕属性"面板中，还提供了多种针对文字字体、文字尺寸、外观和其他基本属性的参数设置。

"字幕工具"：用于显示或关闭"字幕工具"面板，这里存放着一些与标题字幕制作相关的工具，利用这些工具，可以加入标题文本、绘制简单的几何图形。

"字幕样式"：用于显示或关闭"字幕样式"面板，该面板中显示了系统所提供的所有字幕样式。

"字幕设计器"：用于显示或关闭"字幕设计器"面板，在该面板中可以看到所输入文字的最终效果，也可以对当前对象进行简单的操作设计。

"工具"：用于显示或关闭"工具"面板，该面板中包含了一些在进行视频编辑操作时常用的工具，它是一个独立的活动窗口，单独显示在工作界面上。

"效果"：用于切换及显示"效果"面板，该面板集合了音频特效、视频特效、音频切换效果、视频切换效果和预置特效的功能，可以很方便地为时间线窗口中的素材添加特效。

"时间码"：用于显示或关闭"时间码"窗口，该窗口用于显示时间标记所在的位置。

"时间线"：用于显示或关闭"时间线"窗口，该窗口按照时间顺序组合"项目"窗口中的各种素材片段，是制作影视节目的编辑窗口。

"标记"：用于显示或关闭"标记"窗口，

该窗口按照时间顺序显示所有标记的相关信息。

"源监视器"：用于显示或关闭"源监视器"窗口，在该窗口中可以对"项目"窗口中的素材进行预览，还可以剪辑素材片段等。

"特效控制台"：用于切换及显示"特效控制台"面板，该面板中的命令用于设置添加到素材中的特效。

"节目监视器"：用于显示或关闭"节目监视器"窗口。通过"节目监视器"窗口，可对编辑的素材进行实时的预览。

"调音台"：主要用于完成对音频素材的各种处理，如混合音频轨道、调整各声道音量平衡、录音等。

"选项"：用于显示或关闭"选项"窗口。

"采集"：用于关闭或开启"采集"对话框，该对话框中的命令主要用于对视频采集进行相关的设置。

"音频仪表"：用于关闭或开启"音频仪表"面板，该面板主要用于对音频素材的主声道进行电平显示。

"项目"：用于显示或关闭"项目"窗口，该窗口用于引入原始素材，对原始素材片段进行组织和管理，并且可以用多种显示方式显示每个片段，包含缩略图、名称、注释说明、标签等属性。

9. "帮助"菜单

"帮助"菜单包括的内容如图1-33所示，主要用于帮助用户解决遇到的问题，与其他软件中的"帮助"菜单功能相同。

图1-33

"Adobe Premiere Pro帮助"：选择该命令，将打开"Adobe Community Help"对话框，如图1-34所示，在该对话框中，可以获取所需要的帮助信息。

图1-34

"Adobe Premiere Pro支持中心"：联网获取"Adobe Premiere Pro CS6"的技术支持。

"Adobe产品改进计划"：联网获取Adobe的产品升级信息。

"键盘"：选择该命令，可以在弹出的"Adobe Community Help"对话框中获取关于Keyboard shortcuts的帮助信息。

"Product Registration"（注册）：在线注册软件。

"Deactivate"（在线支持）：选择该命令将打开Adobe的网站，寻求帮助。

"Updates"（更新）：在线更新软件程序。

"关于Adobe Premiere Pro"：显示Premiere Pro CS6的版本信息。

1.2 ▶ Premiere Pro CS6基本操作

本节将详细介绍项目文件的处理，如新建项目文件、打开现有项目文件；对象的操作，如素材的导入、移动、删除和对齐等。这些基本操作对于后期的制作至关重要。

1.2.1 项目文件操作

当启动Premiere Pro CS6开始进行影视制作时，首先必须创建新的项目文件或打开已存在的项目文件，这是Premiere Pro CS6基本的操作之一。

1. 新建项目文件

新建项目文件分为两种：一种是启动Premiere Pro CS6时直接新建一个项目文件，另一种是在Premiere Pro CS6已经启动的情况下新建项目文件。

第一种：在启动Premiere Pro CS6时新建项目文件。

在启动Premiere Pro CS6时新建项目文件的具体操作步骤如下。

（1）选择"开始 > 所有程序 > Adobe Premiere Pro CS6"命令，或双击桌面上的Adobe Premiere Pro CS6快捷图标，弹出启动窗口，单击"新建项目"按钮 ，如图1-35所示。

图1-35

（2）弹出"新建项目"对话框，如图1-36所示。在"常规"选项卡中设置活动与字幕安全区域及视频、音频、采集项目名称，单击"位置"选项右侧的"浏览"按钮，在弹出的对话框中选择项目文件的保存路径。在"名称"选项的文本框中设置项目名称。

图1-36

（3）单击"确定"按钮，弹出如图1-37所示的对话框。在"序列预设"选项区域中选择项目文件格式，如"DV-PAL"制式下的"标准48kHz"，此时，在"预设描述"选项区域中将列出相应的项目信息。

图1-37

（4）单击"确定"按钮，即可创建一个新的项目文件。

第二种：利用菜单命令新建项目文件。

如果Premiere Pro CS6已经启动，此时，可利用菜单命令新建项目文件，具体操作步骤如下。

选择"文件 > 新建 > 项目"命令，如图1-38所示，或按<Ctrl>+<Alt>+<N>组合键，在弹出的"新建项目"对话框中按照上述方法选择合适的设置，单击"确定"按钮即可。

图1-38

2．打开已有的项目文件

要打开一个已存在的项目文件进行编辑或修改，可以使用以下4种方法。

（1）通过启动窗口打开项目文件。启动Premiere Pro CS6，在弹出的启动窗口中单击"打开项目"按钮，如图1-39所示，在弹出的对话框中选择需要打开的项目文件，如图1-40所示，单击"打开"按钮，即可打开已选择的项目文件。

图1-39

图1-40

（2）通过启动窗口打开最近编辑过的项目文件。启动Premiere Pro CS6，在弹出的启动窗口的"最近使用项目"选项中单击需要打开的项目文件，如图1-41所示，可打开最近保存过的项目文件。

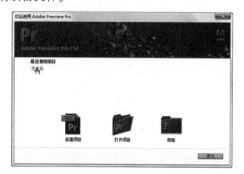

图1-41

（3）利用菜单命令打开项目文件。在Premiere Pro CS6程序窗口中选择"文件>打开项目"命令，如图1-42所示，或按<Ctrl>+<O>组合键，在弹出的对话框中选择需要打开的项目文件，如图1-43所示，单击"打开"按钮，即可打开所选的项目文件。

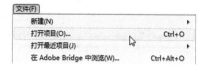

图1-42

图1-43

（4）利用菜单命令打开近期的项目文件。Premiere Pro CS6会将近期打开过的文件保存在"文件"菜单中，选择"文件>打开最近项目"命令，在其子菜单中选择需要打开的项目文件，如图1-44所示，即可打开所选的项目文件。

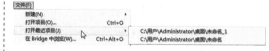

图1-44

3. 保存项目文件

文件的保存是文件编辑的重要环节，在Adobe Premiere Pro CS6中，保存文件的方式直接关系到图像文件以后的使用。

刚启动Premiere Pro CS6软件时，系统会提示用户先保存一个设置了参数的项目。因此，对于编辑过的项目，直接选择"文件 > 存储"命令或按<Ctrl>+<S>组合键，即可直接保存。另外，系统还会隔一段时间自动保存一次项目。

除此方法外，Premiere Pro CS6还提供了"存储为"和"存储副本"命令。

保存项目文件副本的具体操作步骤如下。

（1）选择"文件 > 存储为"命令（或按<Ctrl>+ <Shift >+<S>组合键），或者选择"文件 > 存储副本"命令（或按<Ctrl>+ <Alt>+<S>组合键），弹出"存储项目"对话框。

（2）在"保存在"选项的下拉列表中选择保存路径。

（3）在"文件名"选项的文本框中输入文件名。

（4）单击"保存"按钮即可保存项目文件。

4. 关闭项目文件

如果要关闭当前项目文件，选择"文件 > 关闭项目"命令即可。如果对当前文件作了修改但尚未保存，系统将会弹出如图1-45所示的提示对话框，询问是否要保存该项目文件所作的修改。单击"是"按钮，保存项目文件；单击"否"按钮，则不保存文件并直接退出项目文件。

图1-45

1.2.2 撤销与恢复操作

通常情况下，一个完整的项目需要经过反复调整、修改与比较才能完成。因此，Premiere Pro CS6为用户提供了"撤销"与"重做"命令。

在编辑视频或音频时，如果用户的上一步操作是错误的，或对操作得到的效果不满意，选择"编辑 > 撤销"命令即可撤销该操作；如果连续选择此命令，则可连续撤销前面的多步操作。

如果要取消撤销操作，可选择"编辑 > 重做"命令。例如，删除一个素材，通过"撤销"命令撤销操作后，如果还想将这些素材片段删除，则只要选择"编辑 > 重做"命令即可。

1.2.3 设置自动保存

设置自动保存功能的具体操作步骤如下。

（1）选择"编辑 > 首选项 > 自动存储"命令，弹出"首选项"对话框，如图1-46所示。

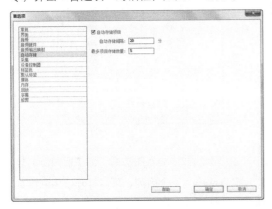

图1-46

（2）在"首选项"对话框的"自动存储"选项区域中，根据需要设置"自动存储间隔"及"最多项目存储数量"的数值，如在"自动存储间隔"文本框中输入20，在"最多项目存储数量"文本框中输入5，即表示每隔20分将自动保存一次，而且只存储最后5次存盘的项目文件。

（3）设置完成后，单击"确定"按钮退出对话框，返回到工作界面。这样，在以后的编辑过程中，系统就会按照设置的参数自动保存文件，用户就可以不必担心由于意外而造成工作数据的丢失了。

1.2.4 自定义设置

Premiere Pro CS6预置设置为影片剪辑人员提供了常用的DV-NTSC和DV-PAL设置。如果需要自定义项目设置，则可在对话框中切换到"自定义设置"选项卡进行参数设置；如果运行Premiere Pro CS6的过程中需要改变项目设置，则需选择"项目 > 项目设置"命令。

在常规对话框中，可以对影片的编辑模式、时间基数、视频、音频等基本指标进行设置，如图1-47所示。

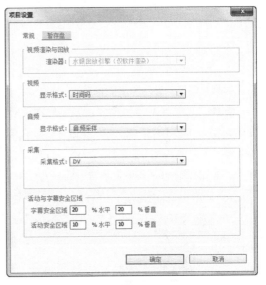

图1-47

"视频"：显示视频素材的格式信息。

"音频"：显示音频素材的格式信息。

"采集"：用来设置设备参数及采集方式。

"活动与字幕安全区域"：可以设置字幕和动作影像安全框的显示范围，以"帧大小"设置数值的百分比计算。

1.2.5 导入素材

Premiere Pro CS6支持大部分主流的视频、音频以及图像文件格式，一般的导入方式为选择"文件 > 导入"命令，在"导入"对话框中选择所需要的文件格式和文件即可，如图1-48所示。

图1-48

1. 导入图层文件

以素材的方式导入图层的设置方法如下。

选择"文件 > 导入"命令，在"导入"对话框中选择Photoshop、Illustrator等含有图层的文件格式，选择需要导入的文件，单击"打开"按钮，会弹出如图1-49所示的提示对话框。

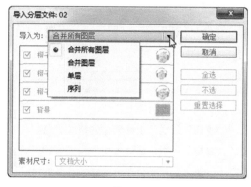

图1-49

"导入分层文件"：设置PSD图层素材导入的方式，可选择"合并所有图层""合并图层""单层"或"序列"。

本例选择"序列"选项，如图1-50所示，单击"确定"按钮，在"项目"窗口中会自动产生一个文件夹，其中包括序列文件和图层素材，如图1-51所示。

图1-50

图1-51

以序列的方式导入图层后，会按照图层的排列方式自动产生一个序列，可以打开该序列设置动画，进行编辑。

2. 导入序列文件

序列文件是一种非常重要的源素材，它由若干幅按序排列的图片组成，记录活动影片，每幅图片代表1帧。通常可以在3ds Max、After Effects、Combustion软件中产生序列文件，然后再导入Premiere Pro CS6中使用。

序列文件以数字序号为序进行排列。当导入序列文件时，应在首选项对话框中设置图片的帧速率，也可以在导入序列文件后，在解释素材对话框中改变帧速率。导入序列文件的方法如下。

（1）在"项目"窗口的空白区域双击，弹出"导入"对话框，找到序列文件所在的目录，勾选"图像序列"复选框，如图1-52所示。

（2）单击"打开"按钮，导入素材。序列文件导入后的状态如图1-53所示。

图1-52

图1-53

1.2.6 解释素材

对于项目的素材文件，可以通过解释素材来修改其属性。在"项目"窗口中的素材上单击鼠标右键，在弹出的快捷菜单中选择"修改 > 解释素材"命令，弹出"修改素材"对话框，如图1-54所示。

图1-54

1. 设置帧速率

在"帧速率"选项区域中可以设置影片的帧速率。选择"使用文件中的帧速率"，则使用影片的原始帧速率，剪辑人员也可以在"假定帧速率为"选项的数值框中输入新的帧速率，下方的"持续时间"选项显示影片的长度。改变帧速率，影片的长度也会发生改变。

2. 设置像素纵横比

一般情况下，选择"使用文件中的像素纵横比"选项，使用影片素材的原像素宽高比。剪辑人员也可以通过"符合为"选项的下拉列表重新指定像素宽高比。

3. 设置透明通道

可以在"Alpha通道"选项区域中对素材的透明通道进行设置，在Premiere Pro CS6中导入带有透明通道的文件时，会自动识别该通道。勾选"忽略Alpha通道"复选框，将忽略Alpha通道；勾选"反转Alpha通道"复选框，可保存透明通道中的信息，同时也保存可见的RGB通道中的相同信息。

4．观察素材属性

Premiere Pro CS6提供了属性分析功能，利用该功能，剪辑人员可以了解素材的详细信息，包括素材的片段延时、文件大小、平均速率等。在"项目"窗口或序列中的素材上单击鼠标右键，在弹出的快捷菜单中选择"属性"命令，弹出"属性"对话框，如图1-55所示。

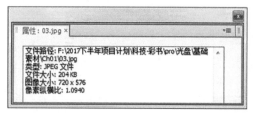

图1-55

在该对话框中详细列出了当前素材的各项属性，如源素材路径、文件数据量、媒体格式、帧尺寸、持续时间、使用状况等。数据图表中水平轴以帧为单位列出对象的持续时间，垂直轴显示对象每一个时间单位的数据率和采样率。

1.2.7　改变素材名称

在"项目"窗口中的素材上单击鼠标右键，在弹出的快捷菜单中选择"重命名"命令，素材会处于可编辑状态，输入新名称即可，如图1-56所示。

图1-56

剪辑人员可以为素材重命名以改变它原来的名称，这在一部影片中重复使用一个素材或复制了一个素材并为之设定新的入点和出点时极其有用。为素材重命名有助于在"项目"窗口和序列中观看一个复制的素材时避免混淆。

1.2.8　利用素材库组织素材

可以在"项目"窗口中建立一个素材库（即素材文件夹）来管理素材。使用素材文件夹，可以将节目中的素材分门别类、有条不紊地组织起来，这在组织包含大量素材的复杂节目时特别有用。

单击"项目"窗口下方的"新建文件夹"按钮，会自动创建新文件夹，如图1-57所示。

图1-57

1.2.9　查找素材

可以根据素材的名字、属性或附属的说明和标签在Premiere Pro CS6的"项目"窗口中搜索素材，如可以查找所有文件格式相同的素材，如*.avi和*.mp3等。

单击"项目"窗口下方的"查找"按钮，或单击鼠标右键，在弹出的快捷菜单中选择"查找"命令，弹出"查找"对话框，如图1-58所示。

图1-58

在"查找"对话框中选择查找的素材属性，可按照素材的名称、媒体类型、卷标等属性进行查找。在"匹配"选项的下拉列表中可以选择查找的关键字是全部匹配还是部分匹配，若勾选"区分大小写"复选框，则必须将关键字的大小写输入正确。

在对话框右侧的文本框中可输入查找素材的属性关键字。例如，要查找图片文件，可选择查找的属性为"名称"，在文本框中输入"JPEG"或其他文件格式的后缀，然后单击"查找"按钮，系统会自动找到"项目"窗口中的图片文件。如果"项目"窗口中有多个图片文件，可再次单击"查找"按钮查找下一个图片文件。单击"完成"按钮，可退出"查找"对话框。

> **提示**
>
> 除了查找"项目"窗口的素材，还可以使序列中的影片自动定位，找到其项目中的源素材。在"时间线"窗口中的素材上单击鼠标右键，在弹出的快捷菜单中选择"在项目中显示"，如图1-59所示，即可找到"项目"窗口中的相应素材，如图1-60所示。

图1-59

图1-60

1.2.10　离线素材

当打开一个项目文件时，系统提示找不到源素材，如图1-61所示，这可能是源文件被改名或存在磁盘上的位置发生了变化造成的。可以直接在磁盘上找到源素材，然后单击"选择"按钮，也可以单击"跳过"按钮选择略过素材，或单击"脱机"按钮，建立离线文件代替源素材。

图1-61

由于Premiere Pro CS6使用直接方式进行工作，因此，如果磁盘上的源文件被删除或者移动，就会发生在项目中无法找到其磁盘源文件的情况。此时，可以建立一个离线文件。离线文件具有和其所替换的源文件相同的属性，可以对其进行同普通素材完全相同的操作。当找到所需文件后，可以用该文件替换离线文件，以进行正常编辑。离线文件实际上起到一个占位符的作用，它可以暂时占据丢失文件所处的位置。

在"项目"窗口中单击"新建分项"按钮，在弹出的列表中选择"脱机文件"选项，弹出"新建脱机文件"对话框，如图1-62所示。设置相关的参数后，单击"确定"按钮，弹出"脱机文件"对话框，如图1-63所示。

图1-62

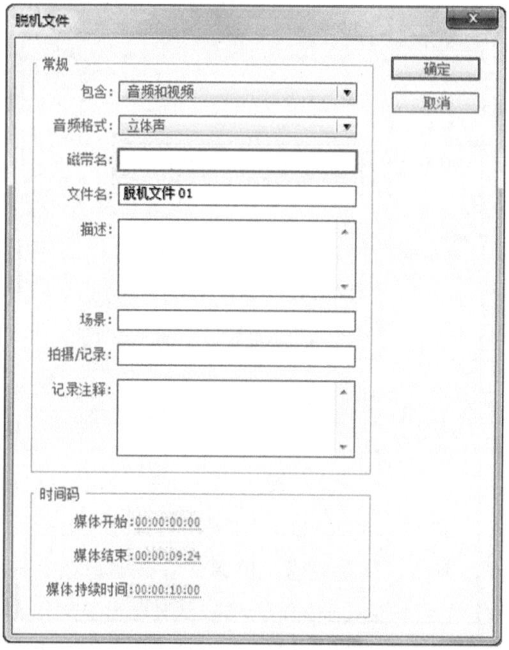

图1-63

在"包含"选项的下拉列表中可以选择建立含有影像和声音的离线素材，或者仅含有其中一项的离线素材；在"音频格式"选项中设置音频的声道；在"磁带名"选项的文本框中输入磁带卷标；在"文件名"选项的文本框中指定离线素材的名称；在"描述"选项的文本框中可以输入一些备注；在"场景"文本框中输入注释离线素材与源文件场景的关联信息；在"拍摄/记录"文本框中说明拍摄信息；在"记录注释"文本框中记录离线素材的日志信息；在"时间码"选项区域中可以指定离线素材的时间。

如果要以实际素材替换离线素材，则可以在"项目"窗口中的离线素材上单击鼠标右键，在弹出的快捷菜单中选择"链接媒体"命令，在弹出的对话框中指定文件并进行替换。"项目"窗口中离线图标的显示如图1-64所示。

图1-64

第 *2* 章

影视剪辑技术

本章介绍

　　本章对Premiere Pro CS6中剪辑影片的基本技术和操作进行详细的介绍，其中包括分离素材、群组和嵌套、采集和上载视频、使用Premiere Pro CS6创建新元素的多种方式等。通过对本章的学习，读者可以掌握剪辑技术的使用方法和应用技巧。

学习目标

- ◆ 了解Premiere Pro CS6剪辑素材的方法。
- ◆ 掌握Premiere Pro CS6分离素材的方法。
- ◆ 熟悉Premiere Pro CS6中的群组方法。
- ◆ 掌握采集和上载视频的方法。
- ◆ 了解Premiere Pro CS6创建新元素的方法。

技能目标

- ◆ 掌握"美丽夜景"的制作方法。
- ◆ 掌握"新鲜蔬菜"的制作方法。
- ◆ 掌握"影视片头"的制作方法。

2.1　使用Premiere Pro CS6剪辑素材

在Premiere Pro CS6中的编辑过程是非线性的，可以在任何时候插入、复制、替换、传递和删除素材片段，还可以采取各种各样的顺序和效果进行试验，并在合成最终影片或输出到磁带前进行预演。

用户在Premiere Pro CS6中使用监视器窗口和"时间线"窗口编辑素材。监视器窗口用于观看素材和完成的影片，设置素材的入点、出点等；"时间线"窗口用于建立序列、安排素材、分离素材、插入素材、合成素材、混合音频等。使用监视器窗口和"时间线"窗口编辑影片时，还会使用一些相关的其他窗口和面板。

在一般情况下，Premiere Pro CS6会从头至尾地播放一个音频素材或视频素材。用户可以使用剪辑窗口或监视器窗口改变一个素材的开始帧和结束帧或改变静止图像素材的长度。Premiere Pro CS6中的监视器窗口可以对原始素材和序列进行剪辑。

2.1.1　课堂案例——美丽夜景

【案例学习目标】学习导入视频文件。

【案例知识要点】使用"导入"命令导入视频文件，使用"位置""缩放"选项编辑视频文件的位置与大小并制作动画效果，使用"交叉溶解"命令制作视频之间的转场效果。美丽夜景效果如图2-1所示。

【效果所在位置】Ch02/美丽夜景/美丽夜景.prproj。

图2-1

（1）启动Premiere Pro CS6软件，弹出"欢迎使用 Adobe Premiere Pro"欢迎界面，单击"新建项目"按钮 ，弹出"新建项目"对话框，设置"位置"选项，选择保存文件的路径，在"名

称"文本框中输入文件名"美丽夜景"，如图2-2所示。单击"确定"按钮，弹出"新建序列"对话框，在左侧的列表中展开"DV-PAL"选项，选中"标准 48kHz"模式，如图2-3所示，单击"确定"按钮完成序列的创建。

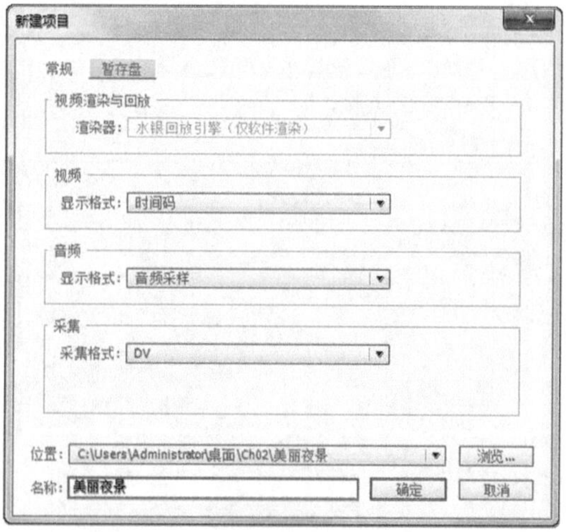

图2-2

（2）选择"文件 > 导入"命令，弹出"导入"对话框，选择本书学习资源中的"Ch02/美丽夜景/素材/01、02、03和04"文件，单击"打开"按钮，导入视频文件，如图2-4所示。导入后

的文件排列在"项目"面板中，如图2-5所示。

图2-3

图2-4

图2-5

（3）在"项目"面板中，选中"01"文件并将其拖曳到"时间轴"窗口中的"视频1"轨道中，如图2-6所示。将时间指示器放置在7:00s的位置，在"视频1"轨道上选中"01"文件，将鼠标指针放在"01"文件的结束位置，当鼠标指针呈🔲状时，向前拖曳光标到7:00s的位置上，如图2-7所示。

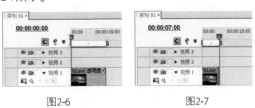

图2-6　　　　　　　　　图2-7

（4）将时间指示器放置在1:00s的位置，选择"特效控制台"面板，展开"运动"选项，单击"位置"和"缩放比例"选项前面的记录动画按钮🔲，如图2-8所示，记录第1个动画关键帧。将时间指示器放置在5:00s的位置，将"位置"选项设置为377.0和288.0，"缩放比例"选项设置为53.0，如图2-9所示，记录第2个动画关键帧。

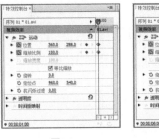

图2-8　　　　　　　　　图2-9

（5）在"项目"面板中，选中"02"文件并将其拖曳到"时间轴"窗口中的"视频1"轨道中，如图2-10所示。将时间指示器放置在7:15s的位置，选择"特效控制台"面板，展开"运动"选项，将"缩放比例"选项设置为53.0，单击"缩放比例"选项前面的记录动画按钮🔲，如图2-11所示，记录第1个动画关键帧。将时间指示器放置在9:20s的位置，将"缩放比例"选项设置为80.0，如图2-12所示，记录第2个动画关键帧。

图2-10   图2-11

图2-12

（6）在"项目"面板中，选中"03"文件并将其拖曳到"时间轴"窗口中的"视频1"轨道中，如图2-13所示。将时间指示器放置在14:00s的位置，在"视频1"轨道上选中"03"文件，将鼠标指针放在"03"文件的结束位置，当鼠标指针呈 状时，向前拖曳光标到14:00s的位置上，如图2-14所示。

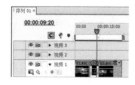

图2-13   图2-14

（7）在"项目"面板中，选中"04"文件并将其拖曳到"时间轴"窗口中的"视频1"轨道中，如图2-15所示。将时间指示器放置在16:00s的位置，选择"特效控制台"面板，展开"运动"选项，将"缩放比例"选项设置为53.0，单击"位置"和"缩放比例"选项前面的记录动画按钮 ，如图2-16所示，记录第1个动画关键帧。将时间指示器放置在20:16s的位置，将"位置"

选项设置为360.0和233.0，"缩放比例"选项设置为100.0，如图2-17所示，记录第2个动画关键帧。

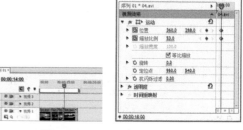

图2-15   图2-16

图2-17

（8）选择"窗口＞工作区＞效果"命令，弹出"效果"面板，展开"视频切换"特效分类选项，单击"叠化"文件夹前面的三角形按钮 ▶ 将其展开，选中"交叉叠化"特效，如图2-18所示。将"交叉叠化"特效拖曳到"时间轴"窗口中"01"文件的结尾处与"02"文件的开始位置，如图2-19所示。选择"效果"面板，选中"交叉叠化"特效并将其拖曳到"时间轴"窗口中"02"文件的结尾处与"03"文件的开始位置，如图2-20所示。

图2-18   图2-19

图2-20

（9）选中"交叉叠化"特效，将其拖曳到"时间轴"窗口中"04"文件的开始位置，如图2-21所示。美丽夜景制作完成，如图2-22所示。

图2-21　　　　　　图2-22

2.1.2　认识监视器面板

"监视器"面板有两个，即"源"面板与"节目"面板，分别用来显示素材与作品在编辑时的状况。如图2-23所示，左图为"源"面板，显示和设置节目中的素材；右图为"节目"面板，显示和设置序列。

图2-23

在"源"面板中，单击上方的标题栏或黑色三角按钮，弹出下拉列表，显示已经调入"时间线"面板中的素材序列表，可以更加快速方便地浏览素材的基本情况，如图2-24所示。

图2-24

"监视器"面板可以设置安全区域。用户可以在"素材源"面板和"节目"面板中设置安全区域，这对输出设备为电视机播放的影片非常有用。

安全区域的产生是由于电视机在播放视频图像时，屏幕的边缘会切除部分图像，这种现象叫作"溢出扫描"，而不同的电视机溢出的扫描量不同，所以要把图像的重要部分放在安全区域内。在制作影片时，需要将重要的场景元素、演员、图表放在运动安全区域内，将标题、字幕放在标题安全区域内。如图2-25所示，位于工作区域外侧的方框为运动安全区域，位于内侧的方框为标题安全区域。

图2-25

单击"源"面板或"节目"面板下方的"安全框"按钮 ⊞，可以显示或隐藏"监视器"面板中的安全区域。

2.1.3　在"源"监视器视窗中播放素材

不论是已经导入节目的素材，还是使用打开命令观看的素材，系统都会将其自动打开在素材视窗中。用户可以在素材视窗中播放和观看素材。

如果使用DV设备进行编辑，可以单击"节目"窗口右上方的 ▼ 按钮，在弹出的列表中选择"回放设置"选项，弹出"回放设置"对话框，如图2-26所示。建议把回放时间设置为DV硬件支持方式，这样可以加快编辑的速度。

图2-26

在"项目"和"时间线"窗口中双击要观看的素材，素材会自动显示在"源"监视器窗口中。使用窗口下方的工具栏可以对素材进行播放控制，方便查看剪辑，如图2-27所示。

图2-27

当时间标记 所对应的监视器处于被激活的状态时，其上显示的时间将会从灰色转变为蓝色。

在不同的时间编码模式下，时间数字的显示模式会有所不同。如果是"无掉帧"模式，各时间单位之间用冒号分隔；如果是"掉帧"模式，各时间单位之间用分号分隔；如果选择"帧"模式，时间单位显示为帧数。

拖曳鼠标到时间显示的区域并单击，可以从键盘上直接输入数值，改变时间显示，影片会自动跳到输入的时间位置。

如果输入的时间数值之间无间隔符号，如"1234"，则Premiere Pro CS6会自动将其识别为帧数，并根据所选用的时间编码，将其换算为相应的时间。

窗口右侧的持续时间计数器显示影片入点与出点间的长度，即影片的持续时间，显示为黑色。

缩放列表在"源"监视器窗口或"节目"监视器窗口的正下方，可改变窗口中影片的大小，如图2-28所示。可以通过放大或缩小影片进行观察，选择"适合"选项，则无论窗口大小，影片会匹配视窗，完全显示影片内容。

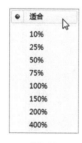

图2-28

2.1.4　在其他软件中打开素材

Premiere Pro CS6具有能在其他软件中打开素材的功能，用户可以利用该功能在其他兼容软件中打开素材进行观看或编辑。例如，可以在QuickTime中观看mov影片，可以在Photoshop中打开并编辑图像素材。在应用程序中编辑该素材存盘后，在Premiere Pro CS6中该素材会自动更新。

要在其他应用程序中编辑素材，必须保证计算机中安装了相应的应用程序并且有足够的内存来运行该程序。如果是在"项目"窗口中编辑的序列图片，则在应用程序中只能打开该序列图片的第1幅图像；如果是在"时间线"窗口中编辑的序列图片，则打开的是时间标记所在的时间的当前帧画面。

使用其他应用程序编辑素材的方法如下。

（1）在"项目"窗口或"时间线"窗口选中需要编辑的素材。

（2）选择"编辑 > 编辑原始资源"命令。

（3）在打开的应用程序中编辑该素材并保存结果。

（4）返回到Premiere Pro CS6窗口中，修改后的结果会自动更新到当前素材。

2.1.5　剪裁素材

剪裁可以增加或删除帧以改变素材的长度。素材开始帧的位置被称为入点，素材结束帧的位置被称为出点。用户可以在"源/节目"监视器窗口和"时间线"窗口中剪裁素材。

1. 在"源/节目"监视器窗口中剪裁素材

在"源/节目"监视器窗口中改变入点和出点的方法如下。

（1）在"项目"面板中双击要设置入点和出点的素材，将其在"源/节目"监视器窗口中打开。

（2）在"源/节目"监视器窗口中拖动时间标记 或按<空格>键，找到要使用的片段的开始位置。

（3）单击"源/节目"监视器窗口下方的"标

记入点"按钮或按<I>键，"源/节目"监视器窗口中显示当前素材的入点画面，"素材"监视器窗口右上方显示入点标记，如图2-29所示。

（4）继续播放影片，找到使用片段的结束位置。单击"源/节目"监视器窗口下方的"标记出点"按钮或按<O>键，窗口下方显示当前素材的出点。入点和出点间显示为深色，两点之间的片段即入点与出点间的素材片段，如图2-30所示。

图2-29

图2-30

（5）单击"转到前一标记"按钮，可以自动跳到影片的入点位置；单击"转到下一标记"按钮，可以自动跳到影片出点的位置。

当声音同步要求非常严格时，用户可以为音频素材设置高精度的入点。音频素材的入点可以使用高达1/600s的精度来调节。对于音频素材，入点和出点标签出现在波形图相应的点处，如图2-31所示。

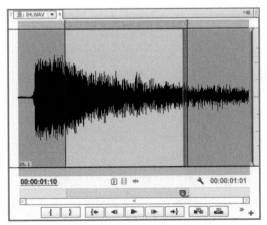

图2-31

当用户将一个同时含有影像和声音的素材拖入"时间线"窗口时，该素材的音频和视频部分会被放到相应的轨道中。

用户在为素材设置入点和出点时，对素材的音频和视频部分同时有效，也可以为素材的视频和音频部分单独设置入点和出点。

为素材的视频或音频部分单独设置入点和出点的具体操作步骤如下。

（1）在"源"面板中打开要设置入点和出点的素材。

（2）播放影片，找到使用视频片段的开始或结束位置。

（3）用鼠标右键单击面板中的标记，在弹出的快捷菜单中选择"标记拆分"命令，弹出其子菜单，如图2-32所示。

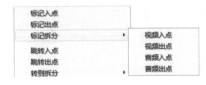

图2-32

（4）在弹出的子菜单中选择"视频入点/出点"命令，在两点之间的视频部分设置入点和出点，如图2-33所示。继续播放影片，找到使用音频片段的开始或结束位置。选择"音频入点/出点"命令，在两点之间的音频部分设置入点和出点，如图2-34所示。

图2-33　　　　　　　图2-34

2. 在"时间线"窗口中剪裁素材

Premiere Pro CS6提供了4种编辑素材的工具，分别是"轨道选择"工具、"滑动"工具、"错落"工具和"滚动编辑"工具。

下面介绍如何应用这些编辑工具。

利用"轨道选择"工具，可以选择一个或多个轨道上的某素材及其后存在的所有素材，也可以选择链接素材中单独的视频或音频。具体操作步骤如下。

（1）选择"轨道选择"工具，在"时间线"面板中要选择的轨道素材上单击，选取此素材及其后的所有素材，如图2-35所示。

（2）按住Shift键的同时，在要选择的轨道素材上单击，选取此素材及所有轨道上此素材之后的所有素材，如图2-36所示。

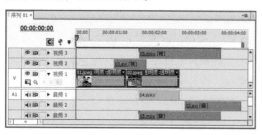

图2-35

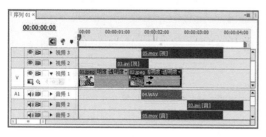

图2-36

（3）按住Alt键的同时，在要选择的链接素材的视频上单击，选取此链接素材的视频文件及此素材之后的所有素材，如图2-37所示。

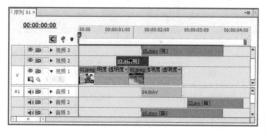

图2-37

"滑动"工具可以使两个片段的入点与出点发生本质上的位移，并不影响片段持续时间与节目的整体持续时间，但会影响编辑片段之前或之后的持续时间，迫使前面或后面的影片片段出

点与入点发生改变。具体操作步骤如下。

（1）选择"滑动"工具，在"时间线"窗口中单击需要编辑的某一个片段。

（2）将鼠标指针移动到两个片段的结合处，当鼠标指针呈 状时，左右拖曳鼠标对其进行编辑工作，如图2-38和图2-39所示。

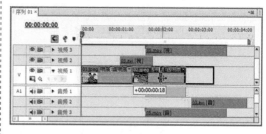

图2-38

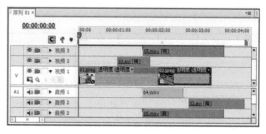

图2-39

（3）在拖曳过程中，监视器窗口中将会显示被调整片段的出点与入点及未被编辑的出点与入点。

使用"错落"工具编辑影片片段时，会更改片段的入点与出点，但它的持续时间不会改变，并不会影响其他片段的入点时间和出点时间，节目总的持续时间也不会发生任何改变。具体操作步骤如下。

（1）选择"错落"工具，在"时间线"窗口中单击需要编辑的某一个片段。

（2）将鼠标指针移动到两个片段的结合处，当鼠标指针呈 状时，左右拖曳鼠标对其进行编辑工作，如图2-40所示。

（3）在拖曳鼠标时，监视器窗口中将会依次显示上一片段的出点和后一片段的入点，同时显示画面帧数，如图2-41所示。

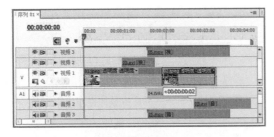

图2-40

图2-41

使用"滚动编辑"工具 ⊞ 编辑影片片段，片段时间的增长或缩短会由其相接片段进行替补。在编辑过程中，整个节目的持续时间不会发生任何改变，该编辑方法同时影响其轨道上的片段在时间轨中的位置。具体操作步骤如下。

（1）选择"滚动编辑"工具 ⊞，在"时间线"窗口中单击需要编辑的某一个片段。

（2）将鼠标指针移动到两个片段的结合处，当鼠标指针呈 ⊞ 状时，左右拖曳鼠标进行编辑工作，如图2-42所示。

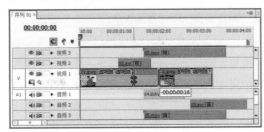

图2-42

（3）释放鼠标后，被修整片段的帧增加或减少会引起相邻片段的变化，但整个节目的持续时间不会发生任何改变。

3．导出单帧

单击"节目"监视器窗口下方的"导出单帧"按钮 📷，弹出"导出单帧"对话框，在"名称"文本框中输入文件名称，在"格式"选项中选择文件格式，设置"路径"选项选择保存文件的路径，如图2-43所示。设置完成后，单击"确定"按钮，导出当前时间线上的单帧图像。

图2-43

4．改变影片的速度

在Premiere Pro CS6中，用户可以根据需求随意更改片段的播放速度，具体操作步骤如下。

（1）在"时间线"窗口中的某一个文件上单击鼠标右键，在弹出的快捷菜单中选择"速度/持续时间"命令，弹出如图2-44所示的对话框。

"速度"：在此设置播放速度的百分比，以此决定影片的播放速度。

"持续时间"：单击选项右侧的时间码，当时间码变为如图2-45所示时，在此导入时间值。时间值越长，影片播放的速度越慢；时间值越短，影片播放的速度越快。

持续时间：00:00:05:06

图2-44　　　　图2-45

"倒放速度"：勾选此复选框，影片片段将向反方向播放。

"保持音调不变"：勾选此复选框，将保持影片片段的音频播放速度不变。

（2）设置完成后，单击"确定"按钮完成更改持续时间的任务，返回到主页面。

5. 创建静止帧

冻结片段中的某一帧，则会以静帧方式显示该画面，就好像使用了一张静止图像的效果，被冻结的帧可以是片段开始点或结束点。创建静止帧的具体操作步骤如下。

（1）单击"时间线"窗口中的某一段影片片段。移动时间轨中的编辑线到需要冻结的某一帧画面上，如图2-46所示。

图2-46

（2）为了确保片段仍处于选中状态，选择"素材 > 视频选项 > 帧定格"命令，弹出如图2-47所示的对话框。勾选"定格在"复选框，在右侧的下拉列表中选择实施的对象编号，如图2-48所示。

图2-47　　　　　　　　图2-48

（3）如果该帧已经使用了视频滤镜效果，则勾选对话框中的"定格滤镜"复选框，使冻结的帧画面依然保持使用滤镜后的效果。

（4）如果该帧含有交错场的视频，则勾选"反交错"复选框，以避免画面发生抖动的现象。单击"确定"按钮完成创建。

6. 在"时间线"窗口中粘贴素材

Premiere Pro CS6提供了标准的Windows编辑命令，用于剪切、复制和粘贴素材，这些命令都在"编辑"菜单命令下。

使用"粘贴插入"命令的具体操作步骤如下。

（1）选择素材，选择"编辑 > 复制"命令。

（2）在"时间线"窗口中将时间标记💧移动到需要粘贴素材的位置，如图2-49所示。

（3）选择"编辑 > 粘贴插入"命令，复制的影片被粘贴到时间标记💧的位置，其后的影片等距离后退，如图2-50所示。

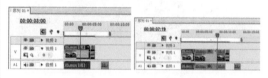

图2-49　　　　　　　图2-50

"粘贴属性"即将一个素材的属性（包括滤镜效果、运动设定及不透明度设定等）粘贴到另一个素材目标上。

7. 场设置

在使用视频素材时，会遇到交错视频场的问题，此问题会严重影响最后的合成质量。视频格式、采集和回放设备不同，场的优先顺序也是不同的。如果场顺序反转，运动会僵持和闪烁。在编辑中，改变片段的速度、输出胶片带、反向播放片段或冻结视频帧，都有可能遇到场处理问题，所以，正确的场设置在视频编辑中是非常重要的。

在选择场顺序后，应该播放影片，观察影片是否能够平滑地进行播放，如果出现了跳动的现象，则说明场的顺序是错误的。

对于采集或上载的视频素材，一般情况下都要对其进行场分离设置。另外，如果要将计算机中完成的影片输出到用于电视监视器播放的领域，在输出前也要对场进行设置，输出到电视机的影片是具有场的。用户也可以为没有场的影片添加场，如使用三维动画软件输出的影片，在输出前添加场加场，用户可以在渲染设置中进行设置。

一般情况下，在新建节目时就要指定正确的场顺序，这里的顺序一般要按照影片的输出设备来设置。在"新建序列"对话框中选择"设置"选项，在"场序"下拉列表中指定编辑影片所使用的场方式，如图2-51所示。在编辑交错场时，要根据相关的视频硬件显示奇偶场的顺序，选择"上场优先"或"下场优先"选项。在输入影片的时候，也有类似的选项设置。

如果在编辑过程中得到的素材场顺序有所不同，则必须使其统一，并符合编辑输出的场设置。调整方法是，在"时间线"窗口中的素材上单击鼠标右键，在弹出的快捷菜单中选择"场选项"命令，在弹出的"场选项"对话框中进行设置，如图2-52所示。

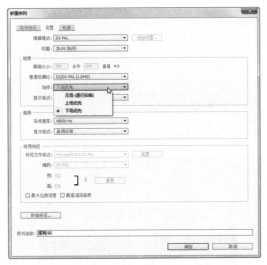

图2-51

图2-52

"交换场序"：如果素材场顺序与视频采集卡顺序相反，则勾选此复选框。

"无"：不处理素材场控制。

"交错相邻帧"：将非交错场转换为交错场。

"总是反交错"：将交错场转换为非交错场。

"消除闪烁"：该选项用于消除细水平线的闪烁。当该选项没有被选择时，一条只有一个像素的水平线只在两场中的其中一场出现，则在回放时会导致闪烁；选择该选项，将使扫描线的百分值增加或降低以混合扫描线，使一个像素的扫描线在视频的两上场中都出现。在Premiere Pro CS6中播出字幕时，一般都要将该项打开。

8. 删除素材

如果用户决定不使用"时间线"窗口中的某个素材片段，则可以在"时间线"窗口中将其删除。从"时间线"窗口中删除的素材并不会在"项目"窗口中删除。当用户删除一个已经运用于"时间线"窗口的素材后，该素材处会留下空位。用户也可以选择波纹删除，将该素材轨道上的内容向左移动，覆盖被删除的素材留下的空位。

删除素材的方法如下。

（1）在"时间线"窗口中选择一个或多个素材。

（2）按<Delete>键或选择"编辑 > 清除"命令。

波纹删除素材的方法如下。

（1）在"时间线"窗口中选择一个或多个素材。

（2）如果不希望其他轨道的素材移动，可以锁定该轨道。

（3）单击鼠标右键，在弹出的快捷菜单中选择"波纹删除"命令。

2.1.6 设置标记点

为了查看素材帧与帧之间是否对齐，用户需要在素材或标尺上做一些标记。

1. 添加标记

为影片添加标记的具体操作步骤如下。

（1）将"时间线"窗口中的时间标记 ⬤ 移到需要添加标记的位置，单击窗口左上角的"添加标记"按钮 🔳，该标记将被添加到时间标记停放的地方，如图2-53所示。

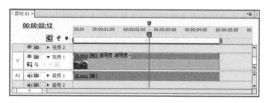

图2-53

（2）如果"时间线"窗口左上角的"吸附"按钮 🔳 处于选中状态，则将一个素材拖动到轨道标记处，素材的入点将会自动与标记对齐。

2. 跳转标记

在时间线窗口中的标尺上单击鼠标右键，在弹出的快捷菜单中选择"转到下一标记"命令，时间标记会自动跳转到下一标记；选择"转到前一标记"命令，时间标记会自动跳转到前一个标记，如图2-54所示。

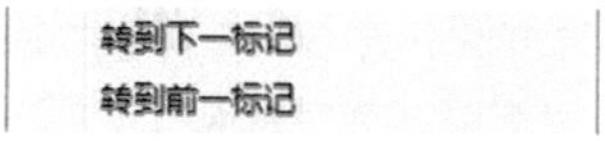

| 转到下一标记 |
| 转到前一标记 |

图2-54

3. 删除标记

如果用户在使用标记的过程中发现有不需要的标记，可以将其删除。具体的删除步骤如下。

在时间线窗口中的标尺上单击鼠标右键，在弹出的快捷菜单中选择"清除当前标记"命令，如图2-55所示，可清除当前选取的标记；选择"清除所有标记"命令，即可将"时间线"窗口中的所有标记清除。

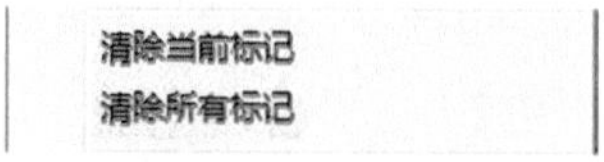

| 清除当前标记 |
| 清除所有标记 |

图2-55

2.2 使用Premiere Pro CS6分离素材

在"时间线"面板中可以将一个单独的素材切割为两个或更多单独的素材，还可以使用插入工具进行三点或者四点编辑，也可以将链接素材的音频或视频部分分离，或者将分离的音频和视频素材链接起来。

2.2.1 课堂案例——新鲜蔬菜

【案例学习目标】将图像插入时间线窗口并对视频进行剪裁。

【案例知识要点】使用"导入"命令导入视频文件，使用"插入"按钮插入视频文件，使用"划像"特效制作视频之间的转场效果。新鲜蔬菜效果如图2-56所示。

【效果所在位置】Ch02/新鲜蔬菜/新鲜蔬菜.prproj。

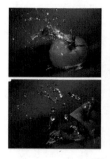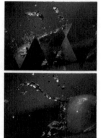

图2-56

（1）启动Premiere Pro CS6软件，弹出"欢迎使用 Adobe Premiere Pro"欢迎界面，单击"新

建项目"按钮，弹出"新建项目"对话框，设置"位置"选项，选择保存文件的路径，在"名称"文本框中输入文件名"新鲜蔬菜"，如图2-57所示。单击"确定"按钮，弹出"新建序列"对话框，在左侧的列表中展开"DV-PAL"选项，选中"标准 48kHz"模式，如图2-58所示，单击"确定"按钮完成序列的创建。

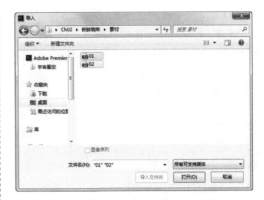

图2-59

图2-60

（3）在"项目"面板中，选中"01"文件并将其拖曳到"时间线"面板的"视频1"轨道中，弹出"素材不匹配警告"对话框，如图2-61所示，单击"保持现有设置"按钮，将"01"文件放置在"视频1"轨道中，如图2-62所示。

图2-57

图2-61

图2-58

（2）选择"文件 > 导入"命令，弹出"导入"对话框，选择本书学习资源中的"Ch02/新鲜蔬菜/素材/01和02"文件，如图2-59所示，单击"打开"按钮，将视频文件导入"项目"面板，如图2-60所示。

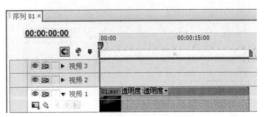

图2-62

（4）将时间标签放置在6:00s的位置，如图2-63所示。在"项目"面板中双击"02"文件，将其在"源"面板中打开，如图2-64所示。

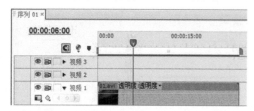

图2-63

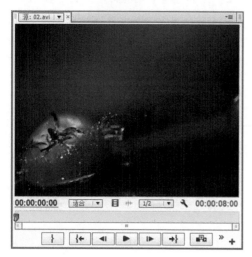

图2-64

（5）单击"源"面板下方的"插入"按钮，如图2-65所示，松开鼠标，将"02"文件插入"时间线"面板，如图2-66所示。

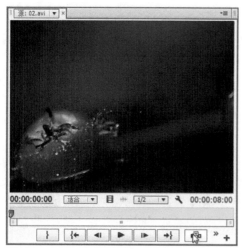

图2-65

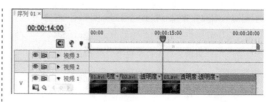

图2-66

（6）将时间指示器放置在25:00s的位置，在"视频1"轨道上选中"01"文件，将鼠标指针放在"01"文件的结束位置，当鼠标指针呈状时，向前拖曳光标到25:00s的位置上，如图2-67所示。

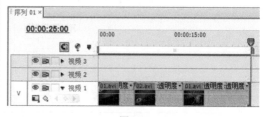

图2-67

（7）选择"窗口 > 效果"命令，弹出"效果"面板，展开"视频切换"特效分类选项，单击"划像"文件夹前面的三角形按钮 ▶ 将其展开，选中"划像形状"特效，如图2-68所示。将"划像形状"特效拖曳到"时间线"面板中"02"文件的开始位置，如图2-69所示。

图2-68

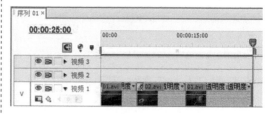

图2-69

（8）在"效果"面板中展开"视频切换"特效分类选项，单击"划像"文件夹前面的三角形按钮▶将其展开，选中"点划像"特效，如图2-70所示。将"点划像"特效拖曳到"时间线"面板中的"02"文件结束位置，如图2-71所示。新鲜蔬菜制作完成，如图2-72所示。

图2-70

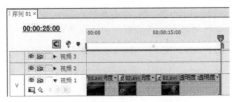

图2-71

图2-72

2.2.2　切割素材

在Premiere Pro CS6中，当素材被添加到"时间线"面板中的轨道后，必须对此素材进行分割才能进行后面的操作，可以应用工具箱中的剃刀工具来完成。具体操作步骤如下。

（1）选择"剃刀"工具 。

（2）将鼠标指针移到需要切割影片片段的"时间线"窗口中的某一素材上并单击，该素材即被切割为两个素材，每一个素材都有独立的长度及入点与出点，如图2-73所示。

图2-73

（3）如果要将多个轨道上的素材在同一点分割，则同时按住<Shift>键，会显示多重刀片，轨道上所有未锁定的素材都在该位置被分割为两段，如图2-74所示。

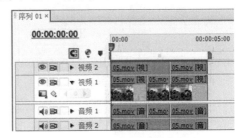

图2-74

2.2.3　插入和覆盖编辑

用户可以选择插入和覆盖编辑，将"源"监视器窗口或者"项目"窗口中的素材插入"时间线"窗口。在插入素材时，可以锁定其他轨道上的素材或切换，以避免引起不必要的变动。锁定轨道非常有用，如可以在影片中插入一个视频素材而不改变音频轨道。

"插入"按钮 和"覆盖"按钮 可以将"源"监视器窗口中的片段直接置入"时间线"窗口中时间标记 位置的当前轨道中。

1. 插入编辑

使用插入工具插入片段时，凡是处于时间标记 之后（包括部分处于时间标记 之后）的素材都会向后推移。如果时间标记 位于轨道中的素材之上，插入新的素材会把原有素材分为两段，直接插在其中，原有素材的后半部分将会向后推移，接在新素材之后。使用插入工具插入素材的具体操作步骤如下。

（1）在"源"监视器窗口中选中要插入"时间线"窗口的素材并为其设置入点和出点。

（2）在"时间线"窗口中将时间标记 移动到需要插入素材的时间点，如图2-75所示。

（3）单击"源"监视器窗口下方的"插入"按钮 ，将选择的素材插入"时间线"窗口，插入的新素材会直接插入其中，把原有素材分为两段，原有素材的后半部分将会向后推移，接在新素材之后，效果如图2-76所示。

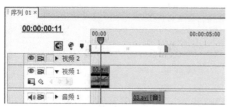

图2-75

图2-76

2．覆盖编辑

使用覆盖工具插入素材的具体操作步骤如下。

（1）在"源"监视器窗口中选中要插入"时间线"窗口的素材并为其设置入点和出点。

（2）在"时间线"窗口中将时间标记 移动到需要插入素材的时间点，如图2-77所示。

（3）单击"源"监视器窗口下方的"覆盖"按钮 ，将选择的素材插入"时间线"窗口，加入的新素材在时间标记 处将覆盖原有素材，如图2-78所示。

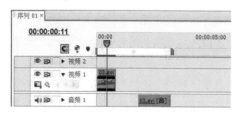

图2-77

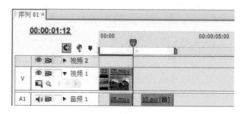

图2-78

2.2.4　提升和提取编辑

使用"提升"按钮 和"提取"按钮 可以在"时间线"窗口的指定轨道上删除指定的一段节目。

1．提升编辑

使用提升工具对影片进行删除修改时，只会删除目标轨道中选定范围内的素材片段，对其前、后的素材，以及其他轨道上素材的位置都不会产生影响。使用提升工具的具体操作步骤如下。

（1）在"节目"窗口中为素材需要提取的部分设置入点、出点。设置的入点和出点同时显示在"时间线"窗口的标尺上，如图2-79所示。在"时间线"窗口中提升素材的目标轨道。

（2）单击"节目"窗口下方的"提升"按钮 ，入点和出点之间的素材被删除，删除后的区域留下空白，如图2-80所示。

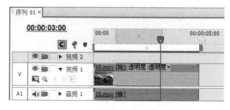

图2-79

图2-80

2．提取编辑

使用提取工具对影片进行删除修改，不但

会删除目标选择栏中指定的目标轨道中指定的片段，还会将其后面的素材前移，填补空缺，而且将其他未锁定轨道之中位于该选择范围之内的片段一并删除，并将后面的所有素材前移。使用提取工具的具体操作步骤如下。

（1）在"节目"窗口中为素材需要提取的部分设置入点、出点。设置的入点和出点同时显示在"时间线"窗口的标尺上。

（2）单击"节目"窗口下方的"提取"按钮 ，入点和出点之间的素材被删除，其后面的素材自动前移，填补空缺，如图2-81所示。

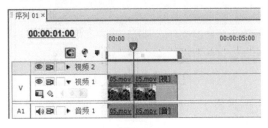

图2-81

2.2.5　分离和链接素材

使用素材建立链接的具体操作步骤如下。

（1）在"时间线"窗口中框选要进行链接的视频和音频片段。

（2）单击鼠标右键，在弹出的菜单中选择"链接视频和音频"命令，片段就被链接在一起。

分离素材的具体操作步骤如下。

（1）在"时间线"窗口中选择视频链接素材。

（2）单击鼠标右键，在弹出的快捷菜单中选择"解除视音频链接"命令，即可分离素材的音频和视频部分。

链接在一起的素材被断开后，分别移动音频和视频部分使其错位，然后再链接在一起，系统会在片段上标记警告并标识错位的时间，如图2-82所示，负值表示向前偏移，正值表示向后偏移。

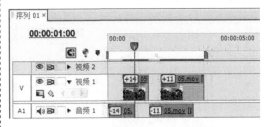

图2-82

2.3　Premiere Pro CS6中的群组

在项目编辑工作中，经常要对多个素材进行整体操作。这时使用群组命令，可以将多个片段组合为一个整体来进行移动和复制等操作。

建立群组素材的具体操作步骤如下。

（1）在"时间线"窗口中框选要群组的素材。

（2）按住<Shift>键再次单击，可以加选素材。

（3）在选定的素材上单击鼠标右键，在弹出的菜单中选择"编组"命令，选定的素材被群组。

素材被群组后，在进行移动和复制等操作的时候，就会作为一个整体进行操作。如果要取消群组效果，可以在群组的对象上单击鼠标右键，在弹出的菜单中选择"解组"命令。

2.4 采集和上载视频

用户可以使用两种方法采集满屏视频：用硬件压缩实时采集，或者使用由计算机精确控制帧的录像机或影碟机实施非实时采集。一般使用硬件压缩实时采集视频。

非实时采集方式每次抓取硬盘的一帧或一段，直到采集完成所有的影片。这种方式需要一个帧精确控制录像机、原始录像带上有时间码和用于执行非实时采集视频的第3方设备控制器。非实时采集视频一般不会得到较高质量的素材。

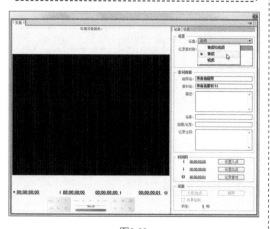

图2-83

数字化音频的质量和声音文件的大小，取决于采样的频率和位深度，这些参数决定了模拟音频信号被数字化后的状态，例如以22kHz和16位精度采样的音频比以11kHz和8位精度采样的音频质量明显提高。CD音频通常以44kHz和16位精度数字化，而数码音带则可以达到48kHz。更高的采样频率和量化指标会使数据量增大。

使用Premiere Pro CS6采集视频时，它先将视频数据存储到硬盘中的一个临时文件中，直到用

户将该视频存储为一个.avi文件。用户需要为采集的文件在硬盘中预留足够的空间，以便存放采集时产生的临时文件。另外，用户必须在采集视频后将采集的视频存储为.avi文件，否则，数据将在下一个采集过程中被重写。

使用Premiere Pro CS6采集的具体操作步骤如下。

（1）确定设备已正确连接，然后打开Premiere Pro CS6，选择"文件 > 采集"命令（或按<F5>键），弹出"采集"对话框，如图2-84所示。

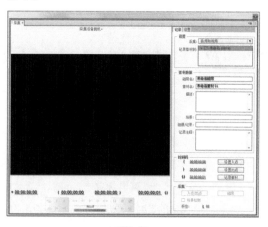

图2-84

（2）对采集设备进行设置，选择对话框右侧的"设置"选项卡，切换至对应的面板，如图2-85所示。

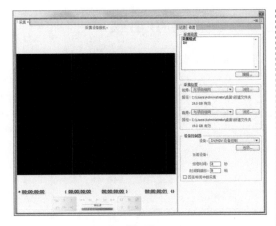

图2-85

（3）"采集设置"区域栏显示当前可用的采集设备，单击"编辑"按钮，弹出如图2-86所示的"采集设置"对话框。

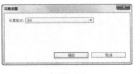

图2-86

（4）在对话框中设置采集压缩质量。所采集视频的质量取决于采集的数据率，数据率越高，质量越高。单击"确定"按钮，返回到对话框中。

（5）在"采集位置"区域栏中设定采集使用的暂存盘，如图2-87所示。

图2-87

（6）分别在"视频"和"音频"栏中指定采集的暂存盘。原则上，应该指定计算机中的SCSI硬盘作为暂存盘，如果没有高速视频硬盘，可以选择剩余空间较大的硬盘作为暂存盘。

（7）在"设备控制器"区域栏中对采集控制进行设定，如图2-88所示。

图2-88

（8）在"设备"选项的下拉列表中可以指定采集时所使用的设备遥控器。单击"选项"按钮，可以在弹出的对话框中对控制设备进行进一步的设置，如图2-89所示。

图2-89

（9）"预卷时间"和"时间码偏移"栏中可以设置影片播放的偏移时间，一般情况下都设为0，不让时间码发生偏移。

（10）由于数字卡或其他硬件的问题，在采集时有可能发生丢帧情况，如果丢帧情况严重，可能会使影片无法流畅播放。勾选"因丢帧而中断采集"复选框，如果在采集素材的过程中出现丢帧，采集会自动停止。

（11）图2-83所示的"记录"选项卡中的"素材数据"区域栏用于对采集的素材进行备注设置，主要是填写一些注释信息。在素材比较多的情况下，加入备注是非常有用的，可以方便管理素材。"时间码"栏是比较重要的，可以在该参数栏中设置采集影片的开始（设置入点）和结束（设置出点）位置。对于具有遥控录像机功能的设备来说，由于可以精确控制时间码，所以使用打点采集非常方便。在"采集"栏中单击"入点/出点"按钮可以采集"时间码"栏设定的入点与出点间的设定片段，单击"磁带"按钮则可以采集整个磁带，如图2-90所示。

图2-90

（12）设置完成后，接下来开始上载（采集）素材。用控制面板遥控录像机进行采集，录像带开始播放后，单击采集按钮开始录制采集，按<Esc>键可中止采集。

（13）采集完毕后，在项目窗口中可以找到所采集的影片片段。

2.5 使用Premiere Pro CS6创建新元素

Premiere Pro CS6除了使用导入的素材，还可以建立一些新素材元素，本节将详细进行介绍。

2.5.1 课堂案例——影视片头

【案例学习目标】学习使用倒计时属性。

【案例知识要点】使用"导入"命令导入视频文件，使用"通用倒计时片头"命令编辑默认倒计时属性，使用"速度/持续时间"命令改变视频文件的播放速度。影视片头效果如图2-91所示。

【效果所在位置】Ch02/影视片头/影视片头.prproj。

图2-91

（1）启动Premiere Pro CS6软件，弹出"欢迎使用 Adobe Premiere Pro"界面，单击"新建项目"按钮 ，弹出"新建项目"对话框，设置"位置"选项，选择保存文件的路径，在"名称"文本框中输入文件名"影视片头"，如图2-92所示。单击"确定"按钮，弹出"新建序列"对话框，在左侧的列表中展开"DV-PAL"选项，选中"标准 48kHz"模式，如图2-93所示，单击"确定"按钮。

（2）选择"文件 > 导入"命令，弹出"导入"对话框，选择本书学习资源中的"Ch02/影视片头/素材/ 01"文件，单击"打开"按钮，导入视频文件，如图2-94所示。导入后的文件排列在"项目"面板中，如图2-95所示。

图 2-92

图 2-93

图2-94

图2-95

（3）在"项目"面板中单击"新建分类"按钮 ，弹出下拉菜单，选择"通用倒计时片头"命令，弹出"新建通用倒计时片头"对话框，如图2-96所示，单击"确定"按钮。弹出"通用倒计时设置"对话框，将"擦除色"设置为橘黄色，"背景色"设置为玫红色，"划线色"设置为青色，"目标色"设置为蓝色，"数字色"设置为白色，设置完成后单击"确定"按钮，如图2-97所示。

图2-96

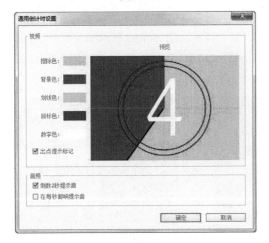

图2-97

（4）在"项目"面板中选中"通用倒计时片头"文件，并将其拖曳到"时间线"窗口的"视频1"轨道中，如图2-98所示。在"项目"面板中选中"01"文件，并将其拖曳到"时间线"窗口的"视频2"轨道中11:00秒的位置，如图2-99所示。

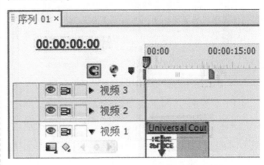

图2-98

图2-99

（5）在"项目"面板中选中"01"文件，并将其拖曳到"时间线"窗口的"视频3"轨道中21:18秒的位置，如图2-100所示。在"时间线"窗口的"视频3"轨道中选中"01"文件，按<Ctrl>+<R>组合键，弹出"素材速度/持续时间"对话框，将"速度"选项设置为299%，如图2-101所示，单击"确定"按钮。

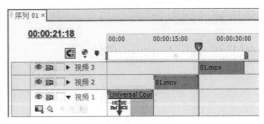

图2-100

图2-101

（6）选择"序列 > 添加轨道"命令，弹出"添加视音轨"对话框，设置如图2-102所示，单击"确定"按钮，在"时间线"窗口中添加轨道，如图2-103所示。

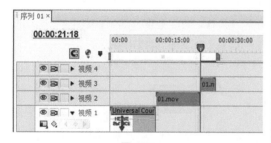

图2-102

图2-103

（7）在"项目"面板中选中"01"文件，并将其拖曳到"时间线"窗口的"视频4"轨

道中25:08秒的位置，如图2-104所示。在"时间线"窗口的"视频4"轨道中选中"01"文件，按<Ctrl>+<R>组合键，弹出"素材速度/持续时间"对话框，将"速度"选项设置为498%，如图2-105所示，单击"确定"按钮。影视片头制作完成，如图2-106所示。

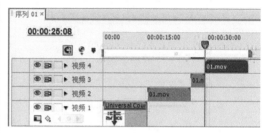

图2-104

图2-105　　　　　　图2-106

2.5.2　通用倒计时片头

通用倒计时通常用于影片开始前的倒计时准备。Premiere Pro CS6为用户提供了现成的通用倒计时，用户可以非常简便地创建一个标准的倒计时片头，并可以在Premiere Pro CS6中随时对其进行修改，如图2-107所示。创建倒计时片头的具体操作步骤如下。

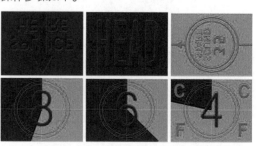

图2-107

（1）单击"项目"窗口下方的"新建分项"按钮，在弹出的列表中选择"通用倒计时片头"选项，弹出"新建通用倒计时片头"对话框，如图2-108所示。设置完成后单击"确定"按钮，弹出"通用倒计时设置"对话框，如图2-109所示。

图2-108

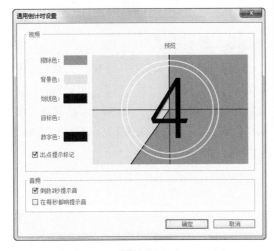

图2-109

"擦除色"：擦除颜色。播放倒计时影片的时候，指示线会不停地围绕圆心转动，在指示线转动方向之后的颜色为划变色。

"背景色"：背景颜色。指示线转换方向之前的颜色为背景色。

"划线色"：指示线颜色。固定十字及转动的指示线的颜色由该项设定。

"目标色"：准星颜色。指定圆形准星的颜色。

"数字色"：数字颜色。指定倒计时影片中8、7、6、5、4等数字的颜色。

"出点提示标记"：结束提示标志。勾选该复选框，在倒计时结束时显示标志图形。

"倒数2秒提示音"：2秒处是提示音标志。勾选该复选框，在显示"2"的时候发声。

"在每秒都响提示音"：每秒提示音标志。勾选该复选框，在每秒开始的时候发声。

（2）设置完成后，单击"确定"按钮，Premiere Pro CS6自动将该段倒计时影片加入项目窗口。

用户可在"项目"窗口或"时间线"窗口中双击倒计时素材，随时打开"通用倒计时设置"对话框进行修改。

2.5.3　彩条和黑场

1. 彩条

Premiere Pro CS6可以为影片在开始前加入一段彩条，如图2-110所示。

在"项目"窗口下方单击"新建分项"按钮，在弹出的列表中选择"彩条"选项，即可创建彩条。

图2-110

2. 黑场

Premiere Pro CS6可以在影片中创建一段黑场。在"项目"窗口下方单击"新建分项"按钮，在弹出的列表中选择"黑场"选项，即可创建黑场。

2.5.4　彩色蒙版

Premiere Pro CS6还可以为影片创建一个颜色蒙版。用户可以将颜色蒙版当作背景，也可利用"透明度"命令来设定与它相关的色彩的透明性。具体操作步骤如下。

（1）在"项目"窗口下方单击"新建分项"按钮 回，在弹出的列表中选择"彩色蒙版"选项，弹出"新建彩色蒙版"对话框，如图2-111所示。进行参数设置后，单击"确定"按钮，弹出"颜色拾取"对话框，如图2-112所示。

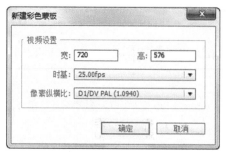

图2-111

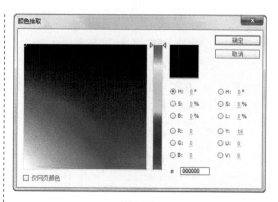

图2-112

（2）在"颜色拾取"对话框中选取蒙版所要使用的颜色，单击"确定"按钮。用户可在"项目"窗口或"时间线"窗口中双击颜色蒙版，随时打开"颜色拾取"对话框进行修改。

2.5.5　透明视频

在Premiere Pro CS6中可以创建一个透明的视频层，将特效应用到一系列的影片剪辑中而无需重复地复制和粘贴属性。只要应用一个特效到透明视频轨道上，特效结果将自动出现在下面的所有视频轨道中。

课堂练习——美食镜头

【练习知识要点】使用"导入"命令导入视频文件，使用"缩放比例"选项改变视频文件的大小，使用"剃刀"工具分割视频文件，使用"速度/持续时间"命令改变视频播放的快慢。美食镜头效果如图2-113所示。

【效果所在位置】Ch02/美食镜头/美食镜头.prproj。

图2-113

课后习题——立体相框

【习题知识要点】使用"导入"命令导入视频文件，使用"剃刀"工具切割视频素材，使用"解除视音频链接"命令解除视频与音频的链接并删除音频，使用"交叉叠化"特效制作视频之间的转场效果。立体相框效果如图2-114所示。

【效果所在位置】Ch02/立体相框/立体 相框.prproj。

图2-114

第 3 章

视频转场效果

本章介绍

　　本章主要介绍如何在Premiere Pro CS6的影片素材或静止图像素材之间建立丰富多彩的切换特效，每一个图像切换的控制方式具有很多可调的选项。本章内容对于影视剪辑中的镜头切换有着非常实用的意义，它可以使剪辑的画面更富于变化，更加生动多彩。

学习目标

◆ 了解转场特技设置的应用方法。

◆ 掌握高级转场特技的应用方法。

技能目标

◆ 掌握"宇宙星空"的制作方法。

◆ 掌握"时尚女孩"的制作方法。

3.1 转场特技设置

转场包括使用镜头切换、调整切换区域、切换设置和设置默认切换等多种基本操作。下面对转场特技设置进行讲解。

3.1.1 课堂案例——宇宙星空

【案例学习目标】使用默认转场切换制作图像转场效果。

【案例知识要点】使用"导入"命令导入视频文件，使用"交叉叠化"特效制作视频之间的转场效果。宇宙星空效果如图3-1所示。

【效果所在位置】Ch03/宇宙星空/宇宙星空.prproj。

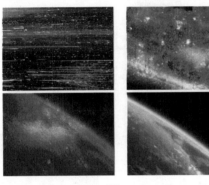

图3-1

（1）启动Premiere Pro CS6软件，弹出"欢迎使用 Adobe Premiere Pro"欢迎界面，单击"新建项目"按钮 ，弹出"新建项目"对话框，设置"位置"选项，选择保存文件的路径，在"名称"文本框中输入文件名"宇宙星空"，如图3-2所示。单击"确定"按钮，弹出"新建序列"对话框，在左侧的列表中展开"DV-PAL"选项，选中"标准 48kHz"模式，如图3-3所示，单击"确定"按钮完成序列的创建。

（2）选择"文件 > 导入"命令，弹出"导入"对话框，选择本书学习资源中的"Ch03/宇宙星空/素材/01、02、03和04"文件，如图3-4所示，单击"打开"按钮，将视频文件导入"项目"面板，如图3-5所示。

图3-2

图3-3

图3-4

图3-5

（3）在"项目"面板中，选中"01"文件并将其拖曳到"时间线"面板的"视频1"轨道中，如图3-6所示。将时间标签放置在6:05s的位置，在"项目"面板中，选中"02"文件并将其拖曳到"时间线"面板的"视频1"轨道中，如图3-7所示。

图3-6　　　　　　　　图3-7

（4）将时间标签放置在11:04s的位置，在"项目"面板中，选中"03"文件并将其拖曳到"时间线"面板的"视频1"轨道中，如图3-8所示。将时间标签放置在16:10s的位置，在"项目"面板中，选中"04"文件并将其拖曳到"时间线"面

板的"视频1"轨道中，如图3-9所示。

图3-8　　　　　　　　图3-9

（5）选择"窗口 > 效果"命令，弹出"效果"面板，展开"视频切换"特效分类选项，单击"叠化"文件夹前面的三角形按钮 ▶ 将其展开，选中"交叉叠化"特效，如图3-10所示。将"交叉叠化"特效拖曳到"时间线"面板中"01"文件的结尾处与"02"文件的开始位置，如图3-11所示。使用相同的方法在其他位置添加特效，如图3-12所示。宇宙星空制作完成，如图3-13所示。

图3-10　　　　　　　　图3-11

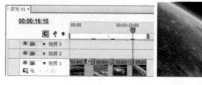

图3-12　　　　　　　　图3-13

3.1.2　使用镜头切换

一般情况下，切换在同一轨道的两个相邻素材之间使用。当然，也可以单独为一个素材施加切换，这时素材与其下方的轨道进行切换，但是下方的轨道只是作为背景使用，并不能被切换所控制，如图3-14所示。为影片添加切换后，可以改变切换的长度。

最简单的方法是在序列中选中切换 交叉叠化（标准），拖曳切换的边缘即可。还可双击切换打开"特效控制台"窗口进行进一步调整，如图3-15所示。

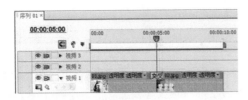

图3-14

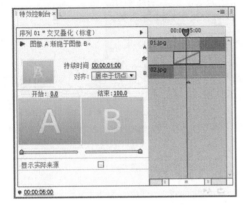

图3-15

3.1.3　调整切换区域

在右侧的时间线区域里可以设置切换的长度和位置。如图3-16所示，两段影片加入切换后，时间线上会有一个重叠区域，这个重叠区域就是发生切换的范围。在"时间线"窗口中只显示入点和出点间的影片不同，在"特效控制台"窗口的时间线中会显示影片的完全长度，这样设置的优点是可以随时修改影片参与切换的位置。

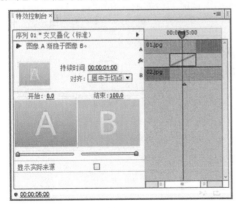

图3-16

将鼠标指针移动到影片上，按住鼠标左键拖曳，即可移动影片的位置，改变切换的影响区域。

将鼠标指针移动到切换中线上拖曳，可以改变切换位置，如图3-17所示。还可以将鼠标指针移动到切换上拖曳改变位置，如图3-18所示。

在左边的"对齐"下拉列表中提供了以下几种切换对齐方式。

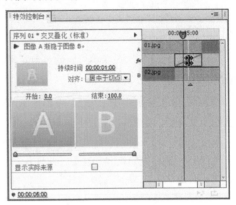

图3-17

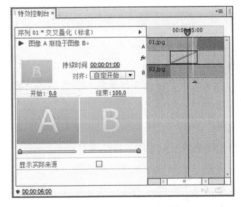

图3-18

（1）"居中于切点"：将切换添加到两个剪辑的中间部分，如图3-19和图3-20所示。

图3-19　　　　　　　图3-20

（2）"开始于切点"：以片段B的入点位置为准建立切换，如图3-21和图3-22所示。

图3-21 图3-22

（3）"结束于切点"：将切换点添加到第一个剪辑的结尾处，如图3-23和图3-24所示。

图3-23 图3-24

（4）"自定开始"：表示可以通过自定义添加设置。

将鼠标指针移动到切换边缘，可以拖曳鼠标改变切换的长度，如图3-25和图3-26所示。

图3-25 图3-26

3.1.4 切换设置

在左边的切换设置中，可以对切换进行进一步的设置。

默认情况下，切换都是从A到B完成的，要改变切换的开始和结束的状态，可拖曳"开始"和"结束"滑块。按住<Shift>键并拖曳滑块可以使开始和结束滑块以相同的数值变化。

勾选"显示实际来源"复选框，可以在切换设置对话框上方的"启动"和"结束"窗口中显示切换的开始和结束帧，如图3-27所示。

在对话框上方单击▶按钮，可以在小视窗中预览切换效果，如图3-28所示。对于某些有方向性的切换来说，可以在上方小视窗中单击箭头改变切换的方向。

某些切换具有位置的性质，如出入屏的时候画面从屏幕的哪个位置开始，这时可以在切换的开始和结束显示框中调整位置。

在对话框上方的"持续时间"栏中可以输入切换的持续时间，这与拖曳切换边缘改变长度是

相同的。

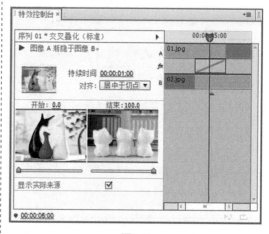

图3-27

图3-28

3.1.5 设置默认切换

选择"编辑 > 首选项 > 常规"命令，可在弹出的"首选项"对话框中进行切换的默认设置。

可以将当前选定的切换设为默认切换，这样，在使用如自动导入这样的功能时，所建立的都是该切换。此外，还可以分别设定视频和音频切换的默认时间，如图3-29所示。

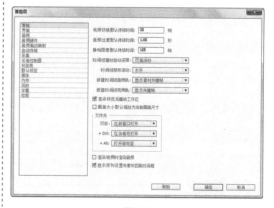

图3-29

3.2 ▶ 高级转场特技

Premiere Pro CS6将各种转换特效根据类型的不同分别放在"效果"窗口中的"视频特效"文件夹下的子文件夹中，用户可以根据使用的转换类型，方便地进行查找。

3.2.1 课堂案例——时尚女孩

【案例学习目标】使用高级转场切换制作图像转场效果。

【案例知识要点】使用"导入"命令导入素材文件，使用"旋转"特效、"交叉叠化"特效和"中心剥落"特效制作图片之间的转场效果。时尚女孩效果如图3-30所示。

【效果所在位置】Ch03/时尚女孩/时尚女孩.prproj。

图3-30

（1）启动Premiere Pro CS6软件，弹出"欢迎使用 Adobe Premiere Pro"欢迎界面，单击"新建项目"按钮 ，弹出"新建项目"对话框，设置"位置"选项，选择保存文件的路径，在"名称"文本框中输入文件名"时尚女孩"，如图3-31所示。单击"确定"按钮，弹出"新建序列"对话框，在左侧的列表中展开"DV-PAL"选项，选中"标准 48kHz"模式，如图3-32所示，单击"确定"按钮完成序列的创建。

（2）选择"文件 > 导入"命令，弹出"导入"对话框，选择本书学习资源中的"Ch03/时尚女孩/素材/01、02、03和04"文件，如图3-33所示，单击"打开"按钮，将素材文件导入"项目"面板，如图3-34所示。

图3-31

图3-32

图3-33

图3-34

（3）按住Ctrl键的同时，在"项目"面板中，选中"01、02、03和04"文件并将其拖曳到"时间线"面板的"视频1"轨道中，如图3-35所示。

（4）选择"窗口 > 效果"命令，弹出"效果"面板，展开"视频切换"特效分类选项，单击"3D运动"文件夹前面的三角形按钮▶将其展开，选中"旋转"特效，如图3-36所示。将"旋转"特效拖曳到"时间线"面板中"01"文件的结尾处与"02"文件的开始位置，如图3-37所示。

图3-35

图3-36　　　　　　　　图3-37

（5）在"效果"面板中展开"视频切换"特效分类选项，单击"叠化"文件夹前面的三角形按钮▶将其展开，选中"交叉叠化"特效，如图3-38所示。将"交叉叠化"特效拖曳到"时间线"面板中"02"文件的结尾处与"03"文件的开始位置，如图3-39所示。

图3-38　　　　　　　　图3-39

（6）在"效果"面板中展开"视频切换"特效分类选项，单击"卷页"文件夹前面的三角形按钮▶将其展开，选中"中心剥落"特效，如图3-40所示。将"中心剥落"特效拖曳到"时间线"面板中"03"文件的结尾处与"04"文件的开始位置，如图3-41所示。时尚女孩制作完成，如图3-42所示。

图3-40　　　　　　　　图3-41

图3-42

3.2.2　3D 运动

在"3D 运动"文件夹中共包含10种三维运动效果的场景切换。

1.　向上折叠

"向上折叠"特效可以使影片A和影片B如同折纸一样向上折叠，效果如图3-43和图3-44所示。

图3-43　　　　　　　　图3-44

2. 帘式

"帘式"特效使影片A如同窗帘一样被拉起，显示影片B，效果如图3-45和图3-46所示。

图3-45　　　　　　　　图3-46

3. 摆入

"摆入"特效使影片B过渡到影片A产生内关门效果，效果如图3-47和图3-48所示。

图3-47　　　　　　　　图3-48

4. 摆出

"摆出"特效使影片B过渡到影片A产生外关门效果，效果如图3-49和图3-50所示。

图3-49　　　　　　　　图3-50

5. 旋转

"旋转"特效使影片B从影片A的中心展开，效果如图3-51和图3-52所示。

图3-51　　　　　　　　图3-52

6. 旋转离开

"旋转离开"特效使影片B从影片A的中心旋转出现，效果如图3-53和图3-54所示。

图3-53　　　　　　　　图3-54

7. 立方体旋转

"立方体旋转"特效可以使影片A和影片B如同立方体的两个面过渡转换，效果如图3-55和图3-56所示。

图3-55　　　　　　　　图3-56

8. 筋斗过渡

"筋斗过渡"特效使影片A旋转翻入影片B，效果如图3-57和图3-58所示。

图3-57　　　　　　　　图3-58

9. 翻转

"翻转"特效使影片A翻转到影片B。在"特效控制台"面板中单击"自定义"按钮，弹出"翻转设置"对话框，如图3-59所示。

"带"选项：输入空翻的影像数量。带的最大数值为8。

图3-59

"填充颜色"选项：设置空白区域的颜色。

"翻转"切换转场效果如图3-60和图3-61所示。

 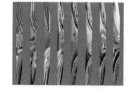

图3-60　　　　　　　　图3-61

10. 门

"门"特效使影片B如同关门一样覆盖影片A，效果如图3-62和图3-63所示。

图3-62　　　　　　　　图3-63

3.2.3　叠化

在"叠化"文件夹下，共包含8种溶解效果的视频转场特效。

1. 交叉叠化

"交叉叠化"特效使影片A淡化为影片B，效果如图3-64和图3-65所示。该切换为标准的淡入淡出切换。在支持Premiere Pro CS6的双通道视频卡上，该切换可以实现实时播放。

图3-64　　　　　　　　图3-65

2. 抖动溶解

"抖动溶解"特效使影片B以点的方式出现，取代影片A，效果如图3-66和图3-67所示。

图3-66　　　　　　　　图3-67

3. 白场过渡

"白场过渡"特效使影片A以变亮的模式淡化为影片B，效果如图3-68和图3-69所示。

图3-68　　　　　　　　图3-69

4. 胶片溶解

"胶片溶解"特效使影片B以胶片的方式溶解，取代影片A，效果如图3-70和图3-71所示。

图3-70　　　　　　　　图3-71

5. 附加叠化

"附加叠化"特效使影片A以加亮模式淡化为影片B，效果如图3-72和图3-73所示。

图3-72　　　　　　　　图3-73

6. 随机反相

"随机反相"特效以随意块方式使影片A过渡到影片B，并在随意块中显示反色效果。双击效果，在"特效控制台"窗口中单击"自定义"按钮，弹出"随机反相设置"对话框，如图3-74所示。

图3-74

"宽"选项：图像水平随意块数量。

"高"选项：图像垂直随意块数量。

"反相源"选项：显示影片A的反色效果。

"反相目标"选项：显示影片B的反色效果。

"随机反相"特效转换效果如图3-75和图3-76所示。

图3-75　　　　　　　图3-76

7. 非附加叠化

"非附加叠化"特效使影片A与影片B的亮度叠加消融，效果如图3-77和图3-78所示。

图3-77　　　　　　　图3-78

8. 黑场过渡

"黑场过渡"特效使影片A以变暗的模式淡化为影片B，效果如图3-79和图3-80所示。

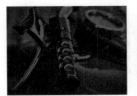

图3-79　　　　　　　图3-80

3.2.4 划像

在"划像"文件夹中包含7种视频转换特效。

1. 划像交叉

"划像交叉"特效使影片B呈"十"字形从影片A中展开，效果如图3-81和图3-82所示。

图3-81　　　　　　　图3-82

2. 划像形状

"划像形状"特效使影片B产生多个规则形状从影片A中展开。双击效果，在"特效控制台"窗口中单击"自定义"按钮，弹出"划像形状设置"对话框，如图3-83所示。

图3-83

"形状数量"选项：拖曳滑块可调整水平和垂直方向规则形状的数量。

"形状类型"选项：选择形状，如矩形、椭圆和菱形。

"划像形状"转场效果如图3-84和图3-85所示。

图3-84

图3-85

图3-92

图3-93

3. 圆划像

"圆划像"特效使影片B呈圆形从影片A中展开，效果如图3-86和图3-87所示。

图3-86

图3-87

7. 菱形划像

"菱形划像"特效使影片B呈菱形从影片A中展开，效果如图3-94和图3-95所示。

图3-94

图3-95

4. 星形划像

"星形划像"特效使影片B呈星形从影片A的正中心展开，效果如图3-88和图3-89所示。

图3-88

图3-89

3.2.5 映射

在"映射"文件夹中提供了两种使用影像通道作为影片进行切换的视频转场。

1. 明亮度映射

"明亮度映射"特效将图像A的亮度映射到图像B，如图3-96、图3-97和图3-98所示。

图3-96

图3-97

5. 点划像

"点划像"特效使影片B呈斜角"十"字形从影片A中铺开，效果如图3-90和图3-91所示。

图3-90

图3-91

图3-98

6. 盒形划像

"盒形划像"特效使影片B呈矩形从影片A中展开，效果如图3-92和图3-93所示。

2. 通道映射

"通道映射"特效从影片A或影片B中选择通道并映射到要输出的目标通道。

将特效拖曳到"时间线"面板中的对象上时，会自动弹出"通道映射设置"对话框，如图3-99所示，在"映射"选项的下拉列表中可以选择要输出的目标通道和素材通道。双击效果，在"特效控制台"面板中单击"自定义"按钮，也可以弹出对话框进行设置。

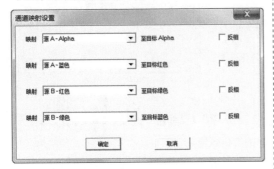

图3-99

"通道映射"转场效果如图3-100、图3-101和图3-102所示。

图3-100　　　　　　图3-101

图3-102

3.2.6　卷页

在"卷页"文件夹中共有5种视频卷页切换效果。

1．中心剥落

"中心剥落"特效使影片A在正中心分为4块分别向四角卷起，露出影片B，效果如图3-103和图3-104所示。

图3-103　　　　　　图3-104

2．剥开背面

"剥开背面"特效使影片A由中心点向四周分别被卷起，露出影片B，效果如图3-105和图3-106所示。

图3-105　　　　　　图3-106

3．卷走

"卷走"特效使影片A产生卷轴卷起效果，露出影片B，效果如图3-107和图3-108所示。

图3-107　　　　　　图3-108

4．翻页

"翻页"特效使影片A从左上角向右下角卷动，露出影片B，效果如图3-109和图3-110所示。

图3-109　　　　　　图3-110

5．页面剥落

"页面剥落"特效使影片A像纸一样被翻面卷起，露出影片B，如图3-111和图3-112所示。

图3-111　　　　　　图3-112

3.2.7 滑动

在"滑动"文件夹中共包含12种视频切换效果。

1. 中心合并

"中心合并"特效使影片A分裂成4块由中心分开并逐渐覆盖影片B,效果如图3-113和图3-114所示。

图3-113　　　　　　图3-114

2. 中心拆分

"中心拆分"特效使影片A从中心分裂为4块,向四角滑出,效果如图3-115和图3-116所示。

图3-115　　　　　　图3-116

3. 互换

"互换"特效使影片B从影片A的后方向前方覆盖影片A,效果如图3-117和图3-118所示。

图3-117　　　　　　图3-118

4. 多旋转

"多旋转"特效使影片B被分割成若干个小方格旋转铺入。双击效果,在"特效控制台"窗口中单击"自定义"按钮,弹出"多旋转设置"对话框,如图3-119所示。

图3-119

"水平"/"垂直"选项:输入水平/垂直方向的方格数量。

"多旋转"切换效果如图3-120和图3-121所示。

图3-120　　　　　　图3-121

5. 带状滑动

"带状滑动"特效使影片B以条状进入并逐渐覆盖影片A。双击效果,在"特效控制台"窗口中单击"自定义"按钮,弹出"带状滑动设置"对话框,如图3-122所示。

图3-122

"带数量"选项:输入切换条数目。

"带状滑动"转换特效效果如图3-123和图3-124所示。

图3-123　　　　　　　　图3-124

6. 拆分

"拆分"特效使影片A像自动门一样打开露出影片B，效果如图3-125和图3-126所示。

图3-125　　　　　　　　图3-126

7. 推

"推"特效使影片B将影片A推出屏幕，效果如图3-127和图3-128所示。

图3-127　　　　　　　　图3-128

8. 斜线滑动

"斜线滑动"特效使影片B呈自由线条状滑入影片A。双击效果，在"特效控制台"窗口中单击"自定义"按钮，弹出"斜线滑动设置"对话框，如图3-129所示。

"切片数量"选项：输入转换切片数目。

"斜线滑动"切换特效效果如图3-130和图3-131所示。

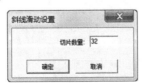

图3-129

图3-130　　　　　　　　图3-131

9. 滑动

"滑动"特效使影片B滑入覆盖影片A，效果如图3-132和图3-133所示。

图3-132　　　　　　　　图3-133

10. 滑动带

"滑动带"特效使影片B在水平或垂直的线条中逐渐显示，效果如图3-134和图3-135所示。

图3-134　　　　　　　　图3-135

11. 滑动框

"滑动框"特效与"滑动带"类似，使影片B的形成更像积木的累积，效果如图3-136和图3-137所示。

图3-136　　　　　　　　图3-137

12. 漩涡

"漩涡"特效是将影片B打破为若干方块从影

片A中旋转而出。双击效果，在"特效控制台"窗口中单击"自定义"按钮，弹出"漩涡设置"对话框，如图3-138所示。

图3-138

"水平"选项：输入水平方向产生的方块数量。

"垂直"选项：输入垂直方向产生的方块数量。

"速率（%）"选项：输入旋转度。

"漩涡"切换特效效果如图3-139和图3-140所示。

图3-139　　　　　　　图3-140

3.2.8　特殊效果

在"特殊效果"文件夹中共包含3种视频转换特效。

1. 映射红蓝通道

"映射红蓝通道"特效将影片A中的红蓝通道映射混合到影片B，效果如图3-141、图3-142和图3-143所示。

图3-141　　　　　　　图3-142

图3-143

2. 纹理

"纹理"特效使图像A作为贴图映射给图像B，效果如图3-144、图3-145和图3-146所示。

图3-144　　　　　　　图3-145

图3-146

3. 置换

"置换"特效将处于时间线前方的片段作为位移图，以其像素颜色值的明暗，分别用水平和垂直的错位来影响与其进行切换的片段，效果如图3-147、图3-148和图3-149所示。

图3-147　　　　　　　图3-148

图3-149

3.2.9 伸展

在"伸展"文件夹下共包含4种切换视频特效。

1. 交叉伸展

"交叉伸展"特效使影片A逐渐被影片B平行挤压替代,效果如图3-150和图3-151所示。

图3-150　　　　　　图3-151

2. 伸展

"伸展"特效使影片A从一边伸展开覆盖影片B,效果如图3-152和图3-153所示。

图3-152　　　　　　图3-153

3. 伸展覆盖

"伸展覆盖"特效使影片B拉伸出现,逐渐代替影片A,效果如图3-154和图3-155所示。

图3-154　　　　　　图3-155

4. 伸展进入

"伸展进入"特效使影片B在影片A的中心横向伸展,效果如图3-156和图3-157所示。

图3-156　　　　　　图3-157

3.2.10 擦除

在"擦除"文件夹中共包含17种切换的视频转场特效。

1. 双侧平推门

"双侧平推门"特效使影片A以展开和关门的方式过渡到影片B,效果如图3-158和图3-159所示。

图3-158　　　　　　图3-159

2. 带状擦除

"带状擦除"特效使影片B从水平方向以条状进入并覆盖影片A,效果如图3-160和图3-161所示。

图3-160　　　　　　图3-161

3. 径向划变

"径向划变"特效使影片B从影片A的一角扫入画面,效果如图3-162和图3-163所示。

图3-162　　　　　　图3-163

4. 插入

"插入"特效使影片B从影片A的左上角斜插进入画面,效果如图3-164和图3-165所示。

图3-164　　　　　　　　图3-165

5．擦除

"擦除"特效使影片B逐渐扫过影片A，效果如图3-166和图3-167所示。

图3-166　　　　　　　　图3-167

6．时钟式划变

"时钟式划变"特效使影片A以时钟放置方式过渡到影片B，效果如图3-168和图3-169所示。

图3-168　　　　　　　　图3-169

7．棋盘

"棋盘"特效使影片A以棋盘消失方式过渡到影片B，效果如图3-170和图3-171所示。

图3-170　　　　　　　　图3-171

8．棋盘划变

"棋盘划变"特效使影片B以方格形式逐行出现覆盖影片A，效果如图3-172和图3-173所示。

图3-172　　　　　　　　图3-173

9．楔形划变

"楔形划变"特效使影片B呈扇形打开并扫入，效果如图3-174和图3-175所示。

图3-174　　　　　　　　图3-175

10．水波块

"水波块"特效使影片B沿"Z"字形交错扫过影片A。在"特效控制台"窗口中单击"自定义"按钮，弹出"水波块设置"对话框，如图3-176所示。

图3-176

"水平"选项：用于输入水平方向的方格数量。

"垂直"选项：用于输入垂直方向的方格数量。

"水波块"切换特效如图3-177和图3-178所示。

图3-177　　　　　　　　图3-178

11．油漆飞溅

"油漆飞溅"特效使影片B以墨点状覆盖影片A，效果如图3-179和图3-180所示。

图3-179 图3-180

12．渐变擦除

"渐变擦除"特效可以使剪辑中的像素根据另一视频轨道（称为渐变图层）中的相应像素的明亮度值变透明。

将特效拖曳到"时间线"面板中的对象上时，会自动弹出"渐变擦除设置"对话框，如图3-181所示。在"特效控制台"窗口中单击"自定义"按钮，也可以弹出对话框进行重新设置。

图3-181

"选择图像"选项：单击此按钮，可以选择作为灰度图的图像。

"柔和度"选项：用于设置过渡边缘的羽化程度。

"渐变擦除"切换特效效果如图3-182和图3-183所示。

图3-182 图3-183

13．百叶窗

"百叶窗"特效使影片B在逐渐加粗的线条中逐渐显示，类似于百叶窗效果，如图3-184和图3-185所示。

图3-184 图3-185

14．螺旋框

"螺旋框"特效使影片B以螺纹块状旋转出现。在"特效控制台"窗口中单击"自定义"按钮，弹出"螺旋框设置"对话框，如图3-186所示。

图3-186

"水平"/"垂直"选项：输入水平/垂直方向的方格数量。

"螺旋框"切换效果如图3-187和图3-188所示。

图3-187 图3-188

15．随机块

"随机块"特效使影片B以方块形式随意出现覆盖影片A，效果如图3-189和图3-190所示。

图3-189 图3-190

16. 随机擦除

"随机擦除"特效使影片B产生随意方块，以由上向下擦除的形式覆盖影片A，效果如图3-191和图3-192所示。

图3-191　　　　　　　　图3-192

17. 风车

"风车"特效使影片B以风车轮状旋转覆盖影片A，效果如图3-193和图3-194所示。

图3-193　　　　　　　　图3-194

3.2.11　缩放

在"缩放"文件夹下共包含4种以缩放方式过渡的切换视频特效。

1. 交叉缩放

"交叉缩放"特效使影片A放大冲出，影片B缩小进入，效果如图3-195和图3-196所示。

图3-195　　　　　　　　图3-196

2. 缩放

"缩放"特效使影片B从影片A中放大出现，效果如图3-197和图3-198所示。

图3-197　　　　　　　　图3-198

3. 缩放拖尾

"缩放拖尾"特效使影片A缩小并带着拖尾消失，效果如图3-199和图3-200所示。

图3-199　　　　　　　　图3-200

4. 缩放框

"缩放框"特效使影片B分为多个方块从影片A中放大出现。在"特效控制台"窗口中单击"自定义"按钮，弹出"缩放框设置"对话框，如图3-201所示。

"形状数量"选项：拖曳滑块，设置水平和垂直方向的方块数量。

"缩放框"切换特效如图3-202和图3-203所示。

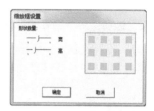

图3-201

图3-202　　　　　　　　图3-203

课堂练习——自然景色

【练习知识要点】使用"导入"命令导入视频文件，使用"擦除"特效、"缩放框"特效和"伸展覆盖"特效制作视频之间的切换效果。自然景色效果如图3-204所示。

【效果所在位置】Ch03/自然景色/自然景色.prproj。

图3-204

课后习题——绝色美食

【习题知识要点】使用"导入"命令导入素材文件，使用"胶片溶解"特效、"径向划变"特效和"滑动框"特效制作图片之间的切换效果。绝色美食效果如图3-205所示。

【效果所在位置】Ch03/绝色美食/绝色美食.prproj。

图3-205

第 *4* 章

视频特效应用

本章介绍

本章主要介绍Premiere Pro CS6中的视频特效，这些特效可以应用于视频、图片和文字。通过对本章的学习，读者可以快速了解并掌握视频特效制作的精髓部分，从而创作出丰富多彩的视觉效果。

学习目标

◆ 了解视频特效的应用方法。

◆ 掌握关键帧控制效果的方法。

◆ 熟悉视频特效与特效操作的方法。

技能目标

◆ 掌握"脱色特效"的制作方法。

◆ 掌握"变形画面"的制作方法。

◆ 掌握"短片特效"的制作方法。

◆ 掌握"彩色浮雕"的制作方法。

4.1 应用视频特效

为素材添加一个效果很简单，只需从"效果"窗口中拖曳一个特效到"时间线"窗口中的素材片段上即可。如果素材片段处于被选中状态，也可以将效果拖曳到该片段的"特效控制台"窗口中。

4.2 使用关键帧控制效果

在Premiere Pro CS6中，可以添加、选择和编辑关键帧，下面对关键帧的基本操作进行具体介绍。

4.2.1 关于关键帧

若要使效果随时间而改变，可以使用关键帧技术。当创建了一个关键帧后，就可以指定一个效果属性在确切的时间点上的值，当为多个关键帧赋予不同的值时，Premiere Pro CS6会自动计算关键帧之间的值，这个处理过程称为"插补"。对于大多数标准效果，都可以在素材的整个时间长度中设置关键帧。对于固定效果，如位置和缩放，可以设置关键帧，使素材产生动画，也可以移动、复制或删除关键帧和改变插补的模式。

4.2.2 激活关键帧

为了设置动画效果属性，必须激活属性的关键帧，任何支持关键帧的效果属性都包括固定动画按钮，单击该按钮可插入一个关键帧。插入关键帧（即激活关键帧）后，就可以添加和调整素材所需要的属性，如图4-1所示。

图4-1

4.3 视频特效与特效操作

认识了视频特效的基本使用方法之后，下面将对Premiere Pro CS6中各视频特效进行详细的介绍。

4.3.1 课堂案例——脱色特效

【案例学习目标】使用视频特效制作视频脱色特效。

【案例知识要点】使用"亮度与对比度"命

令调整图像的亮度与对比度，使用"分色"命令制作图像的脱色效果，使用"亮度曲线"命令调整图像的亮度，使用"更改颜色"命令改变图像中需要的颜色。脱色特效效果如图4-2所示。

【效果所在位置】Ch04/脱色特效/脱色特效.prproj。

图4-2

1. 新建项目与导入素材

（1）启动Premiere Pro CS6软件，弹出"欢迎使用 Adobe Premiere Pro"欢迎界面，单击"新建项目"按钮 📗，弹出"新建项目"对话框，设置"位置"选项，选择保存文件的路径，在"名称"文本框中输入文件名"脱色特效"，如图4-3所示。单击"确定"按钮，弹出"新建序列"对话框，在左侧的列表中展开"DV-PAL"选项，选中"标准 48kHz"模式，如图4-4所示，单击"确定"按钮完成序列的创建。

图4-3

图4-4

（2）选择"文件 > 导入"命令，弹出"导入"对话框，选择本书学习资源中的"Ch04/脱色特效/素材/01"文件，如图4-5所示，单击"打开"按钮，将文件导入"项目"面板，如图4-6所示。

图4-5

图4-6

（3）在"项目"面板中，选中"01"文件并将其拖曳到"时间线"面板的"视频1"轨道中，如图4-7所示。在"节目"面板中预览效果，如图4-8所示。

图4-7

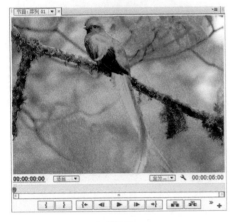

图4-8

（4）选择"窗口＞效果"命令，弹出"效果"面板，展开"视频特效"分类选项，单击"色彩校正"文件夹前面的三角形按钮▶将其展开，选中"亮度与对比度"特效，如图4-9所示。将"亮度与对比度"特效拖曳到"时间线"面板的"视频1"轨道中的"01"文件上，如图4-10所示。

图4-9

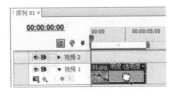

图4-10

（5）选择"特效控制台"面板，展开"亮度与对比度"特效并进行参数设置，如图4-11所示。在"节目"面板中预览效果，如图4-12所示。

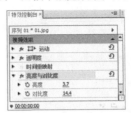

图4-11

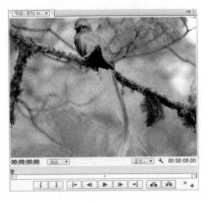

图4-12

（6）在"效果"面板中展开"视频特效"分类选项，单击"色彩校正"文件夹前面的三角形按钮▶将其展开，选中"分色"特效，如图4-13所示。将"分色"特效拖曳到"时间线"面板的"视频1"轨道中的"01"文件上，如图4-14所示。

图4-13

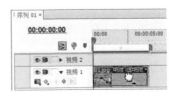

图4-14

（7）在"特效控制台"面板中，展开"分色"特效，在图像中鸟类身体上吸取要保留的颜色，其他参数设置如图4-15所示。在"节目"面板中预览效果，如图4-16所示。

图4-15

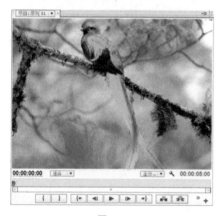

图4-16

（8）在"效果"面板中展开"视频特效"分类选项，单击"色彩校正"文件夹前面的三角形按钮▶将其展开，选中"亮度曲线"特效，如图4-17所示。将"亮度曲线"特效拖曳到"时间线"面板的"视频1"轨道中的"01"文件上，如图4-18所示。

图4-17

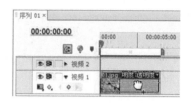

图4-18

（9）在"特效控制台"面板中展开"亮度曲线"特效并进行参数设置，如图4-19所示。在"节目"面板中预览效果，如图4-20所示。

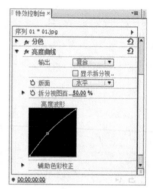

图4-19

图4-20

（10）在"效果"面板中展开"视频特效"分类选项，单击"色彩校正"文件夹前面的三角形按钮▶将其展开，选中"更改颜色"特效，如图4-21所示。将"更改颜色"特效拖曳到"时间线"面板的"视频1"轨道中的"01"文件上，如图4-22所示。

图4-21

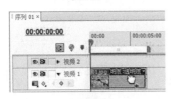

图4-22

（11）在"特效控制台"面板中展开"更改颜色"特效并进行参数设置，如图4-23所示。在"节目"面板中预览效果，如图4-24所示。

图4-23

图4-24

2．输入文字

（1）选择"文件 > 新建 > 字幕"命令，弹出"新建字幕"对话框，如图4-25所示，单击"确定"按钮，弹出字幕编辑面板，选择"垂直文字"工具，在字幕工作区中输入需要的文字，在"字幕属性"面板中选择需要的字体，如图4-26所示。

图4-25

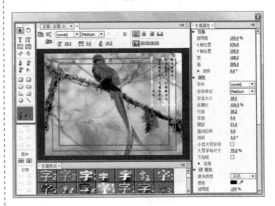

图4-26

（2）选中文字"独坐敬亭山"，如图4-27所示，在"字幕属性"面板中将"字体大小"选项设置为23，如图4-28所示。

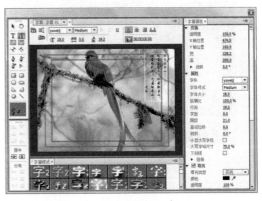

图4-27

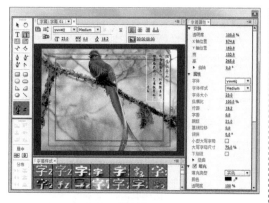

图4-28

（3）选中文字"李白"，如图4-29所示，在"字幕属性"面板中将"字体大小"选项设置为23，如图4-30所示。关闭字幕编辑面板，新建的字幕文件会自动保存到"项目"面板中。

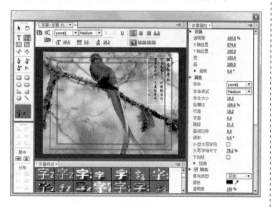

图4-29

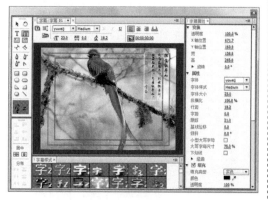

图4-30

（4）在"项目"面板中，选中"字幕01"

文件并将其拖曳到"时间线"面板的"视频2"轨道中，如图4-31所示。脱色特效制作完成，如图4-32所示。

图4-31

图4-32

4.3.2 模糊与锐化视频特效

模糊与锐化视频特效主要针对镜头画面锐化或模糊进行处理，共包含10种特效。

1. 快速模糊

该特效可以指定画面模糊程度，同时可以指定水平、垂直或两个方向的模糊程度，在模糊图像时比使用"高斯模糊"处理速度快。应用该特效后，其参数面板如图4-33所示。

"模糊量"（上）选项：用于调节控制影片的模糊程度。

"模糊量"（下）选项：控制图像的模糊方式，包括水平与垂直、水平、垂直3种方式。

应用"快速模糊"特效前、后的效果如图4-34和图4-35所示。

图4-33

图4-34

图4-35

2．摄像机模糊

该特效可以使图像离开摄像机焦点范围时产生"虚焦"效果。应用该特效后，面板如图4-36所示。可以调整窗口中的参数对该特效效果进行设置，直到满意。

图4-36

在窗口中单击"设置"按钮，弹出"摄像机模糊设置"对话框，对图像进行设置，如图4-37所示，设置完成后，单击"确定"按钮。

应用"摄像机模糊"特效前、后的图像效果如图4-38和图4-39所示。

图4-37

图4-38

图4-39

3．方向模糊

该特效可以在图像中产生一个方向性的模糊效果，使素材产生一种幻觉运动特效。应用该特效后，其参数面板如图4-40所示。

"方向"选项：用于设置模糊方向。

"模糊长度"选项：用于设置图像虚化的程度，拖曳滑块调整数值，其数值范围是0～20。当需要用到高于20的数值时，可以单击选项右侧带下划线的数值，将参数文本框激活，然后输入需要的数值。

应用"方向模糊"特效前、后的效果如图4-41和图4-42所示。

图4-40

图4-41

图4-42

4. 残像

"残像"特效可以使影片中运动物体后面跟着一串阴影一起移动,效果如图4-43和图4-44所示。

图4-43

图4-44

5. 消除锯齿

该特效通过平均化图像对比度区域的颜色值来平均整个图像,使图像的高亮区和低亮区渐变柔和。应用该特效后,面板不会产生任何参数设置,只对图像进行默认柔化。应用"消除锯齿"特效前、后的图像效果如图4-45和图4-46所示。

图4-45

图4-46

6. 混合模糊

该特效主要通过模拟摄像机快速变焦和旋转镜头来产生具有视觉冲击力的模糊效果。应用该特效后,其参数面板如图4-47所示。

"模糊图层"选项:单击按钮 视频1 ▼,在弹出的列表中选择要模糊的视频轨道,如图4-48所示。

"最大模糊"选项:对模糊的数值进行调节。

"伸展图层以适配"选项:勾选此复选框,可以对使用模糊效果的影片画面进行拉伸处理。

"反相模糊"选项:用于对当前设置的效果反转,即模糊反转。

应用"混合模糊"特效前、后的效果如图4-49和图4-50所示。

图4-47   图4-48

图4-49

图4-50

7. 通道模糊

"通道模糊"特效可以对素材的红、绿、蓝和Alpha通道分别进行模糊，还可以指定模糊的方向是水平、垂直或双向。使用这个特效可以创建辉光效果，或使一个图层的边缘附近变得不透明。

在"特效控制台"窗口中可以设置特效的参数，如图4-51所示。

"红色模糊度"选项：用于设置红色通道的模糊程度。

"绿色模糊度"选项：用于设置绿色通道的模糊程度。

"蓝色模糊度"选项：用于设置蓝色通道的模糊程度。

"Alpha模糊度"选项：用于设置Alpha通道的模糊程度。

"边缘特性"选项：勾选"重复边缘像素"复选框，可以使图像的边缘更加透明化。

"模糊方向"选项：用于控制图像的模糊方向，包括水平和垂直、水平、垂直3种方式。

应用"通道模糊"特效前、后的效果如图4-52和图4-53所示。

图4-51

图4-52

图4-53

8. 锐化

该特效通过增加相邻像素间的对比度使图像清晰化。应用该特效后，其参数面板如图4-54所示。

"锐化数量"选项：用于调整画面的锐化程度。

应用"锐化"特效前、后的效果如图4-55和图4-56所示。

图4-54

图4-55

图4-56

9. 非锐化遮罩

该特效可以调整图像的色彩锐化程度。应用该特效后，其参数面板如图4-57所示。

"数量"选项：用于设置颜色边缘差别值的大小。

"半径"选项：用于设置颜色边缘产生差别的范围。

"阈值"选项：用于设置颜色边缘之间允许的差别范围，值越小，效果越明显。

应用"非锐化遮罩"特效前、后的效果如图4-58和图4-59所示。

图4-57

图4-58

图4-59

10. 高斯模糊

该特效可以大幅度地模糊图像，使其产生虚化的效果。应用该特效后，其参数面板如图4-60所示。

"模糊度"选项：用于调节控制影片的模糊程度。

"模糊方向"选项：用于控制图像的模糊尺寸，包括水平和垂直、水平、垂直3种方式。

应用"高斯模糊"特效前、后的效果如图4-61和图4-62所示。

图4-60

图4-61

图4-62

4.3.3 通道视频特效

通道视频特效可以对素材的通道进行处理，实现图像颜色、色调、饱和度和亮度等颜色属性的改变，共有7种特效。

1. 反转

该特效将图像的颜色进行反色显示，使处理后的图像看起来像照片的底片。应用该特效前、后的效果如图4-63和图4-64所示。

图4-63

图4-64

2. 固态合成

该特效可以将一种颜色填充合成图像，放置在原始素材的后面。应用该特效后，其参数面板如图4-65所示。

图4-65

"源透明度"选项：用于指定素材层的不透明度。

"颜色"选项：用于设置填充图像的颜色。

"透明度"选项：控制填充图像的不透明度。

"混合模式"选项：设置素材层和填充图像以何种方式混合。

应用"固态合成"特效前、后的效果如图4-66、图4-67和图4-68所示。

图4-66

图4-67

图4-68

3. 复合算法

该特效与"混合"特效类似，都是将两个重叠素材的颜色相互组合在一起。应用该特效后，其参数面板如图4-69所示。

图4-69

"二级源图层"选项：用于在当前操作中指定原始的图层。

"操作符"选项：选择两个素材的混合模式。

"在通道上操作"选项：选择混合素材进行操作的通道。

"溢出特性"选项：选择两个素材混合后颜色允许的范围。

"伸展二级源以适配"选项：当素材与混合素材大小相同时，不勾选该复选框，混合素材与原素材将无法对齐重合。

"与原始图像混合"选项：设置混合素材的透明值。

应用"复合算法"特效前、后的效果如图4-70、图4-71和图4-72所示。

图4-70

图4-71

图4-72

4. 混合

该特效是将两个通道中的图像按指定方式进行混合，从而达到改变图像色彩的效果。应用该特效后，其参数面板如图4-73所示。

图4-73

"与图层混合"选项：选择重叠对象所在的视频轨道。

"模式"选项：选择两个素材混合的部分。

"与原始图像混合"选项：设置所选素材与原素材的混合值，值越小，效果越明显。

"如果图层大小不同"选项：图层的尺寸不同时，该选项用于对图层的对齐方式进行设置。

应用"混合"特效前、后的效果如图4-74、图4-75和图4-76所示。

图4-74

图4-75

图4-76

5.算法

该特效提供了各种用于图像通道的简单数学运算。应用该特效后，其参数面板如图4-77所示。

"**操作符**"选项：用于选择一种计算机的颜色。

"**红色值**"选项：设置图片要进行计算的红色值。

"**绿色值**"选项：设置图片要进行计算的绿色值。

"**蓝色值**"选项：设置图片要进行计算的蓝

色值。

"**剪切结果值**"选项：防止所有函数创建超出有效范围的颜色值。如果不勾选该复选框，一些颜色值可能折回。

应用"算法"特效前、后的效果如图4-78和图4-79所示。

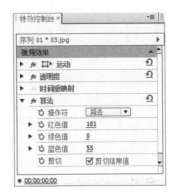

图4-77

图4-78

图4-79

6.设置遮罩

该特效以当前层的Alpha通道取代指定层的Alpha通道，使之产生运动屏蔽的效果。应用该特效后，其参数面板如图4-80所示。

图4-80

"从图层获取遮罩"选项：用于指定作为蒙版的图层。

"用于遮罩"选项：将指定的蒙版层用于效果处理的通道。

"反相遮罩"选项：反转蒙版层的透明度。

"伸展遮罩以适配"选项：用于放大或缩小屏蔽层的尺寸，使之与当前层适配。

"将遮罩与原始图像合成"选项：使当前层合成新的蒙版，而不是替换原始素材层。

"预先进行遮罩图层正片叠底"选项：勾选该复选框，可软化蒙版层素材的边缘。

应用"设置遮罩"特效前、后的效果如图4-81、图4-82和图4-83所示。

图4-81

图4-82

图4-83

7. 计算

该特效通过通道混合进行颜色调整。应用该特效后，其参数面板如图4-84所示。

图4-84

"输入"选项：设置原素材显示。

"输入通道"选项：选择需要显示的通道，其中各选项如下。

① "RGBA"选项：正常输入所有通道。

② "灰色"选项：呈灰色显示原来的RGBA图像的亮度。

③ "红色""绿色""蓝色""Alpha"通道选项：选择对应的通道，显示对应通道。

"反相输入"选项：将"输入通道"中选择的通道反向显示。

"二级源"选项：设置与原素材混合的素材。

"二级图层"选项：选择与原素材混合的素材所在的视频轨道。

"二级图层通道"选项：选择与原素材混合显示的通道。其下方选项的作用与"输入"设置框中的"输入通道"相同。

"二级图层透明度"选项：设置与原素材混合的素材透明度值。

"反相二级图层"选项：与"反相输入"作用相同，但这里指的是与原素材混合的素材。

"伸展二级图层以适配"选项：当混合素材小于原素材时，勾选该复选框，将在显示最终效果时放大混合素材。

"混合模式"选项：用于设置原素材与第二信号源的多种混合模式。

"保留透明度"选项：确保被影响素材的透明度不被修改。

应用"计算"特效前、后的效果如图4-85、图4-86和图4-87所示。

图4-85

图4-86

图4-87

4.3.4 色彩校正视频特效

"色彩校正"视频特效主要用于对视频素材进行颜色校正，该特效包括17种类型。

1. RGB曲线

该特效通过曲线调整红色、绿色和蓝色通道中的数值，达到改变图像色彩的目的。应用"RGB曲线"特效前、后的效果如图4-88和图4-89所示。

图4-88

图4-89

2. RGB色彩校正

该特效可以通过修改RGB三个通道中的参数，实现图像色彩的改变。应用"RGB色彩校正"特效前、后的效果如图4-90和图4-91所示。

图4-90

图4-91

3. 三路色彩校正

该特效通过旋转3个色盘来调整颜色的平衡。应用"三路色彩校正"特效前、后的效果如图4-92和图4-93所示。

图4-92

图4-93

4. 亮度与对比度

该特效用于调整素材的亮度和对比度，并同时调节所有素材的亮部、暗部和中间色。应用该特效后，其参数面板如图4-94所示。

"亮度"选项：调整素材画面的亮度。

"对比度"选项：调整素材画面的对比度。

应用"亮度与对比度"特效前、后的效果如图4-95和图4-96所示。

图4-94

图4-95

图4-96

5. 亮度曲线

该特效通过亮度曲线图实现对图像亮度的调整。应用"亮度曲线"特效前、后的效果如图4-97和图4-98所示。

图4-97

图4-98

6. 亮度校正

该特效通过调整图像亮度校正颜色。应用该特效后，其参数面板如图4-99所示。

图4-99

"输出"选项：设置输出的选项，包括"复合""Luma""蒙版"和"色调范围"。如果勾选"显示拆分视图"复选框，可以对图像进行分屏预览。

"版面"选项：设置分屏预览的布局，分为水平和垂直两个选项。

"拆分视图百分比"选项：用于对分屏比例进行设置。

"色调范围定义"选项：用于选择调整的区域，在"色调范围"下拉列表中包含"主""高光""中间调"和"阴影"4个选项。

"亮度"选项：设置图像的亮度。

"对比度"选项：用于改变图像的对比度。

"对比度等级"选项：用于设置对比度的级别。

"辅助色彩校正"选项：用于设置二级色彩修正。

应用"亮度校正"特效前、后的效果如图4-100和图4-101所示。

图4-100

图4-101

7. 广播级颜色

该特效可以校正广播级的颜色和亮度，使影视作品在电视机中精确地播放。应用该特效后，其参数面板如图4-102所示。

"广播区域"选项：用于设置PAL和NTSC两种电视制式。

"如何确保颜色安全"选项：设置实现安全色的方法。

"最大信号波幅（IRE）"选项：限制最大的信号幅度。

应用"广播级颜色"特效前、后的效果如图4-103和图4-104所示。

图4-102

图4-103

图4-104

8. 快速色彩校正

该特效能够快速地进行图像颜色修正。应用该特效后，其参数面板如图4-105所示。

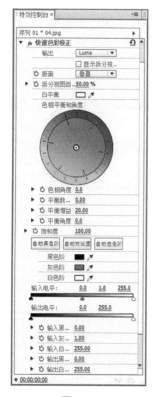

图4-105

"输出"选项：设置输出的选项，包括"复合""Luam"和"蒙版"。如果勾选"显示拆分视图"复选框，可以对图像进行分屏预览。

"版面"选项：设置分屏预览的布局，包括"水平"和"垂直"两个选项。

"拆分视图百分比"选项：用于对分屏比例进行设置。

"白平衡"选项：用于设置白色平衡，数值越大，画面中白色越多。

"色相平衡和角度"选项：用于调整色调平衡和角度，可以直接使用色盘改变画面中的色调。

"平衡数量级"选项：设置平衡的数量。

"平衡增益"选项：通过乘法调整亮度值，使较亮的像素受到的影响大于较暗的像素受到的影响。

"平衡角度"选项：设置白色平衡的角度。

"饱和度"选项：用于设置画面颜色的饱和度。

[自动黑色阶]：单击该按钮，将自动进行黑色级别调整。

[自动对比度]：单击该按钮，将自动进行对比度调整。

[自动白色阶]：单击该按钮，将自动进行白色级别调整。

"黑色阶"选项：用于设置黑色级别的颜色。

"灰色阶"选项：用于设置灰色级别的颜色。

"白色阶"选项：用于设置白色级别的颜色。

"输入电平"选项：对输入的颜色进行级别调整，拖曳该选项颜色条下的3个滑块，将对"输入黑色阶""输入灰色阶"和"输入白色阶"3个参数产生影响。

"输出电平"选项：对输出的颜色进行级别调整，拖曳该选项颜色条下的两个滑块，将对"输出黑色阶"和"输出白色阶"两个参数产生影响。

"输入黑色阶"选项：用于调节黑色输入时的级别。

"输入灰色阶"选项：用于调节灰色输入时的级别。

"输入白色阶"选项：用于调节白色输入时

的级别。

"**输出黑色阶**"选项：用于调节黑色输出时的级别。

"**输出白色阶**"选项：用于调节白色输出时的级别。

应用"快速色彩校正"特效前、后的效果如图4-106和图4-107所示。

图4-106

图4-107

9. 更改颜色

该特效用于改变图像中某种颜色区域的色调。应用该特效后，其参数面板如图4-108所示。

"**视图**"选项：用于设置在合成图像中观看的效果，包含两个选项，分别为"校正的图层"和"色彩校正蒙版"。

"**色相变换**"选项：调整色相，以"度"为单位改变所选区域的颜色。

"**明度变换**"选项：设置所选颜色的明暗度。

"**饱和度变换**"选项：设置所选颜色的饱和度。

"**要更改的颜色**"选项：设置图像中要改变颜色的区域。

"**匹配宽容度**"选项：设置颜色匹配的相似程度。

"**匹配柔和度**"选项：设置颜色的柔和度。

"**匹配颜色**"选项：设置颜色空间，包括"使用RGB""使用色相"和"使用色度"3个选项。

"**反相色彩校正蒙版**"选项：勾选此复选框，可以将颜色进行反向校正。

应用"更改颜色"特效前、后的效果如图4-109和图4-110所示。

图4-108

图4-109

图4-110

10. 染色

该特效用于调整图像中包含的颜色信息，在最亮和最暗之间确定融合度。应用"染色"特效前、后的效果如图4-111和图4-112所示。

图4-111

图4-112

11. 色彩均化

该特效可以修改图像的像素值并将其颜色值进行平均化处理。应用该特效后，其参数面板如图4-113所示。

"色调均化"选项：用于设置平均化的方式，包括"RGB""亮度"和"Photoshop样式"3个选项。

"色调均化量"选项：用于设置重新分布亮度值的程度。

应用"色彩均化"特效前、后的效果如图4-114和图4-115所示。

图4-113

图4-114

图4-115

12. 色彩平衡

该特效可以按照RGB颜色调节影片的颜色，以达到校色的目的。应用"色彩平衡"特效前、后的效果如图4-116和图4-117所示。

图4-116

图4-117

13. 色彩平衡（HLS）

该特效通过对图像色相、亮度和饱和度的精确调整，实现对图像颜色的改变。应用该特效后，其参数面板如图4-118所示。

"色相"选项： 可以改变图像的色相。

"明度"选项： 设置图像的亮度。

"饱和度"选项： 设置图像的饱和度。

应用"色彩平衡（HLS）"特效前、后的效果如图4-119和图4-120所示。

图4-118

图4-119

图4-120

14. 视频限幅器

该特效利用视频限幅器对图像的颜色进行调整。应用"视频限幅器"特效前、后的效果如图4-121和图4-122所示。

图4-121

图4-122

15. 转换颜色

该特效可以在图像中选择一种颜色将其转换为另一种颜色的色调、明度和饱和度。应用该特效后，其参数面板如图4-123所示。

"从"选项： 设置当前图像中需要转换的颜色，可以利用其右侧的"吸管"工具 🖊 在"节目"预览窗口中提取颜色。

"到"选项： 设置转换后的颜色。

"更改"选项： 设置在HLS颜色模式下产生影响的通道。

"更改依据"选项： 设置颜色转换方式，包括"颜色设置"和"颜色变换"两个选项。

"宽容度"选项： 设置色相、明度和饱和度的值。

"柔和度"选项： 通过百分比的值控制柔和度。

"查看校正杂边"选项： 通过遮罩控制发生改变的部分。

应用"转换颜色"特效前、后的效果如图

4-124和图4-125所示。

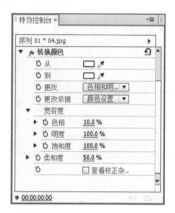

图4-123

图4-124

图4-125

16. 通道混合

该特效用于调整通道之间的颜色值，实现图像颜色的调整。通过选择每一个颜色通道的百分比组成可以创建高质量的灰度图像，以及棕色或其他色调的图像，而且可以对通道进行交换和复制。应用"通道混合"特效前、后的效果如图4-126和图4-127所示。

图4-126

图4-127

17. 分色

该特效可以准确指定或者删除图层中的颜色。应用该特效后，其参数面板如图4-128所示。

"**脱色量**"选项：设置指定层中需要删除的颜色数量。

"**要保留的颜色**"选项：设置图像中需分离的颜色。

"**宽容度**"选项：用于设置颜色的容差度。

"**边缘柔和度**"选项：用于设置颜色分界线的柔化程度。

"**匹配颜色**"选项：设置颜色的对应模式。

应用"分色"特效前、后的效果如图4-129和图4-130所示。

图4-128

图4-129

图4-130

4.3.5 课堂案例——变形画面

【案例学习目标】使用视频特效制作和调整变形画面。

【案例知识要点】使用"边角固定"特效控制视频文件的角度,使用"亮度与对比度"特效调整视频的亮度与对比度,使用"色彩平衡"特效调整视频的色彩平衡。变形画面如图4-131所示。

【效果所在位置】Ch04/变形画面/变形画面. prproj。

图4-131

(1)启动Premiere Pro CS6软件,弹出"欢迎

使用Adobe Premiere Pro"欢迎界面,单击"新建项目"按钮 ,弹出"新建项目"对话框,设置"位置"选项,选择保存文件的路径,在"名称"文本框中输入文件名"变形画面",如图4-132所示。单击"确定"按钮,弹出"新建序列"对话框,在左侧的列表中展开"DV-PAL"选项,选中"标准48kHz"模式,如图4-133所示,单击"确定"按钮。

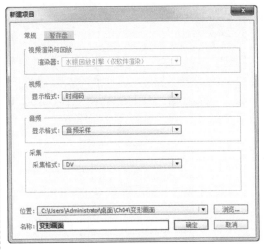

图4-132

图4-133

（2）选择"文件 > 导入"命令，弹出"导入"对话框，选择本书学习资源中的"Ch04/变形画面/素材/01和02"文件，单击"打开"按钮，如图4-134所示。导入后的文件排列在"项目"面板中，如图4-135所示。

图4-134

图4-135

（3）在"项目"面板中选中"01"文件并将其拖曳到"时间线"窗口的"视频1"轨道中，如图4-136所示。将时间指示器放置在3:00s的位置，在"视频1"轨道上选中"01"文件，将鼠标指针放在"01"文件的结束位置，当鼠标指针呈 状时，向前拖曳光标到3:00s的位置上，如图4-137所示。

图4-136

图4-137

（4）将时间指示器放置在0:00s的位置，在"项目"面板中选中"02"文件并将其拖曳到"时间线"窗口的"视频2"轨道中，如图4-138所示。选择"窗口 > 效果"命令，弹出"效果"面板，展开"视频特效"分类选项，单击"扭曲"文件夹前面的三角形按钮▶将其展开，选中"边角固定"特效，如图4-139所示。将"边角固定"特效拖曳到"时间线"窗口中的"02"文件上，如图4-140所示。

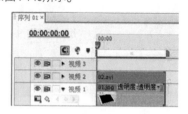

图4-138

图4-139

图4-140

（5）在"时间线"窗口中选中"视频2"轨道中的"02"文件，选择"特效控制台"面板，展开"边角固定"特效，将"左上"选项设置为141.7和145.7，"右上"选项设置为571.7和73.1，"左下"选项设置为274.3和468.3，"右下"选项设置为743.7和343.8，如图4-141所示。

在"节目"窗口中预览效果，如图4-142所示。

图4-141

图4-142

（6）选择"效果"面板，展开"视频特效"分类选项，单击"色彩校正"文件夹前面的三角形按钮▶将其展开，选中"亮度与对比度"特效，如图4-143所示。将"亮度与对比度"特效拖曳到"时间线"窗口中的"02"文件上，如图4-144所示。

图4-143

图4-144

（7）选择"特效控制台"面板，展开"亮度与对比度"特效，将"亮度"选项设置为-39.3，如图4-145所示。在"节目"窗口中预览效果，如图4-146所示。

图4-145

图4-146

（8）选择"效果"面板，展开"视频特效"分类选项，单击"色彩校正"文件夹前面的三角形按钮▶将其展开，选中"色彩平衡"特效，如图4-147所示。将"色彩平衡"特效拖曳到"时间线"窗口中的"02"文件上，如图4-148所示。

图4-147

图4-148

（9）选择"特效控制台"面板，展开"色彩平衡"特效，将"阴影红色平衡"选项设置为17.0，将"阴影绿色平衡"选项设置为11.0，如图4-149所示。变形画面制作完成，如图4-150所示。

图4-149

图4-150

4.3.6 扭曲视频特效

"扭曲"视频特效主要通过对图像进行几何扭曲变形来制作出各种画面变形效果，共包含13种特效。

1. 偏移

该特效可以根据设置的偏移量对图像进行位移。应用该特效后，其参数面板如图4-151所示。

"将中心转换为"：设置偏移的中心点坐标值。

"与原始图像混合"：设置偏移的程度，数值越大，效果越明显。

应用"偏移"特效前、后的效果如图4-152和图4-153所示。

图4-151

图4-152

图4-153

2. 变形稳定器

该特效用于将摇晃的手持素材转变为稳定、流畅的拍摄内容。应用该特效后，其参数面板如图4-154所示。

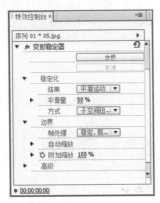

图4-154

"**分析**"**选项**：用于自动分析素材文件。

"**取消**"**选项**：用于取消对素材的分析。

"**稳定化**"**选项**：用于调整素材的稳定化过程。

"**边界**"**选项**：用于调整素材边界的处理方式。

"**高级**"**选项**：用于详细分析素材文件。

应用"变形稳定器"特效前、后的效果如图4-155和图4-156所示。

图4-155

图4-156

3. 变换

该特效用于对图像的位置、尺寸、透明度及倾斜度等进行综合设置。应用该特效后，其参数面板如图4-157所示。

图4-157

"**定位点**"**选项**：用于设置定位点的坐标位置。

"**位置**"**选项**：用于设置素材在屏幕中的位置。

"**统一缩放**"**选项**：勾选此复选框，"缩放宽度"将变为不可用，"缩放高度"则变为参数选项，设置比例参数选项时将只能成比例地缩放素材。

"**缩放高度**"/"**缩放宽度**"**选项**：用于设置素材的高度/宽度。

"**倾斜**"**选项**：用于设置素材的倾斜度。

"**倾斜轴**"**选项**：用于设置素材倾斜的角度。

"**旋转**"**选项**：用于设置素材放置的角度。

"**透明度**"**选项**：用于设置素材的透明度。

"**快门角度**"**选项**：用于设置素材的遮挡角度。

应用"变换"特效前、后的效果如图4-158和图4-159所示。

图4-158

图4-159

4. 弯曲

应用该特效可以制作出类似水面上的波纹效果。应用该特效后，参数面板如图4-160所示。

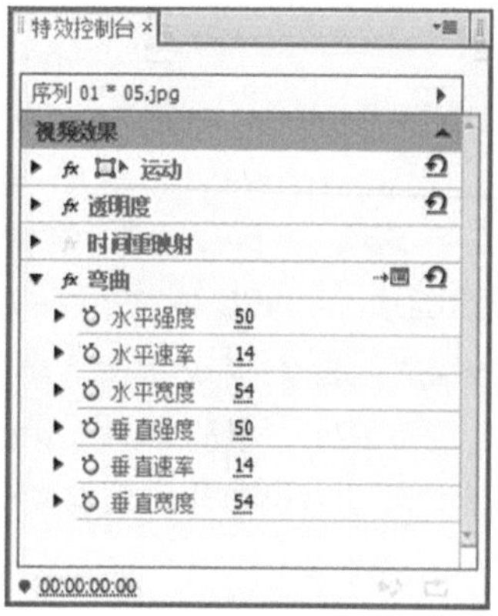

图4-161

图4-162

图4-160

"水平强度"选项：用于调整水平方向素材弯曲的程度。

"水平速率"选项：用于调整水平方向素材弯曲的比例。

"水平宽度"选项：用于调整水平方向素材弯曲的宽度。

"垂直强度"选项：用于调整垂直方向素材弯曲的程度。

"垂直速率"选项：用于调整垂直方向素材弯曲的比例。

"垂直宽度"选项：用于调整垂直方向素材弯曲的宽度。

应用"弯曲"特效前、后的效果如图4-161和图4-162所示。

5. 放大

该特效可以将素材的某一部分放大，并可以调整放大区域的透明度，羽化放大区域的边缘。应用该特效后，其参数面板如图4-163所示。

图4-163

"形状"选项：用于设置放大区域的形状。

"居中"选项：用于设置放大区域的中心点坐标值。

"放大率"选项：用于设置放大区域的放大倍数。

"链接"选项：用于选择放大区域的模式。

"大小"选项：用于设置放大区域的半径。

"羽化"选项：用于设置放大区域的羽化值。

"透明度"选项：用于设置放大部分的透明度。

"缩放"选项：用于设置缩放的方式。

"混合模式"选项：用于设置放大部分与原图颜色的混合模式。

"调整图层大小"选项：只有在"链接"选项中选择了"无"选项，才能勾选该复选框。

应用"放大"特效前、后的效果如图4-164和图4-165所示。

图4-164

图4-165

6. 旋转扭曲

该特效可以使图像产生沿中心轴旋转的效果。应用该特效后，其参数面板如图4-166所示。

图4-166

"角度"选项：用于设置漩涡的旋转角度。

"旋转扭曲半径"选项：用于设置产生漩涡的半径。

"旋转扭曲中心"选项：用于设置产生漩涡的中心点位置。

应用"旋转扭曲"特效前、后的效果如图4-167和图4-168所示。

图4-167

图4-168

7. 波形弯曲

该特效类似于波纹效果，可以对波纹的形状、方向及宽度等进行设置。应用该特效后，其参数面板如图4-169所示。

图4-169

"波形类型"选项：用于选择波形的类型模式。

"波形高度"/"波形宽度"选项：用于设置

波形的高度（即振幅）/宽度（即波长）。

"方向"选项：用于设置波形旋转的角度。

"波形速度"选项：用于设置波形的运动速度。

"固定"选项：用于设置波形面积模式。

"相位"选项：用于设置波形的角度。

"消除锯齿（最佳品质）"选项：用于选择波形特效的质量。

应用"波形弯曲"特效前、后的效果如图4-170和图4-171所示。

图4-170

图4-171

8. 滚动快门修复

该特效可以修复摄像机或拍摄对象移动产生的延迟时间形成的扭曲。应用该特效后，其参数面板如图4-172所示。

图4-172

"滚动快门速率"选项：指定帧速率（扫描

时间）的百分比。

"场景检测"选项：指定发生滚动特效时应扫描的方向。

"方式"选项：指示是否使用光流分析和像素运动重定时来生成变形的帧（像素运动），或者是否应该使用稀疏点跟踪及扭曲方法（扭曲）。

"详细分析"选项：在变形中执行更为详细的分析。

9. 球面化

应用该特效可以在素材中制作出球形画面效果。应用该特效后，其参数面板如图4-173所示。

图4-173

"半径"选项：用于设置球形的半径值。

"球面中心"选项：用于设置产生球面效果的中心点位置。

应用"球面化"特效前、后的效果如图4-174和图4-175所示。

图4-174

图4-175

10. 紊乱置换

该特效可以使素材产生类似于流水、旗帜飘动和哈哈镜等的扭曲效果。应用"紊乱置换"特效前、后的效果如图4-176和图4-177所示。

图4-176

图4-177

11. 边角固定

应用该特效可以使图像的4个顶点发生变化，达到变形效果。应用该特效后，其参数面板如图4-178所示。

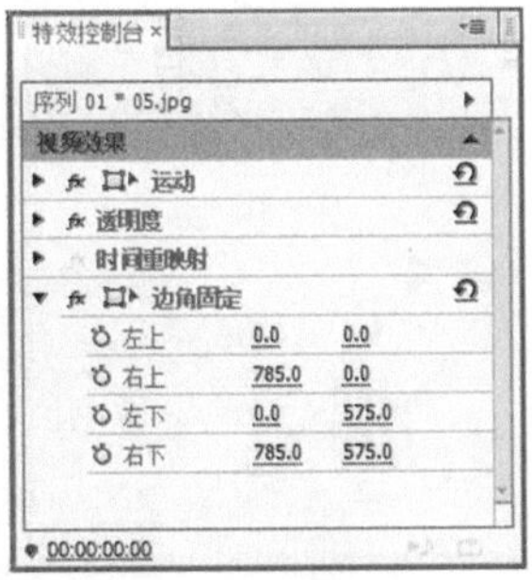

图4-178

"左上"选项：用于调整素材左上角的位置。

"右上"选项：用于调整素材右上角的位置。

"左下"选项：用于调整素材左下角的位置。

"右下"选项：用于调整素材右下角的位置。

应用"边角固定"特效前、后的效果如图4-179和图4-180所示。

图4-179

图4-180

> **提示**
>
> 除了在"特效控制台"面板中调整参数值，还有一种比较直观、方便的操作方法：单击"边角固定"按钮，这时在"节目"监视器窗口中，图片的4个角上将出现4个控制柄，调整控制柄的位置就可以改变图片的形状。

12. 镜像

应用该特效可以将图像沿一条直线分割为两部分，制作出镜像效果。应用该特效后，其参数面板如图4-181所示。

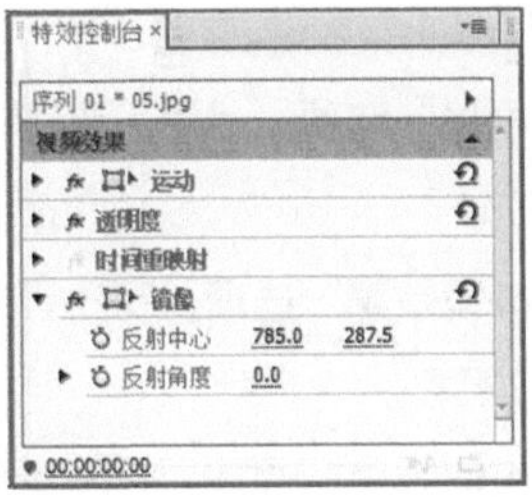

图4-181

"反射中心"选项：用于设置镜像效果的中心点坐标值。

"反射角度"选项：用于设置镜像效果的角度。

应用"镜像"特效前、后的效果如图4-182和图4-183所示。

图4-182

图4-183

13. 镜头扭曲

该特效是模拟一种从变形透镜观看素材的效果。应用该特效后，其参数面板如图4-184所示。

"弯度"选项：用于设置素材弯曲的程度。数值为0以上时将缩小素材，数值为0以下时将放大素材。

"垂直偏移"选项：用于设置弯曲中心点垂直方向上的位置。

"水平偏移"选项：用于设置弯曲中心点水平方向上的位置。

"垂直棱镜效果"选项：用于设置素材上、下两边棱角的弧度。

"水平棱镜效果"选项：用于设置素材左、右两边棱角的弧度。

> 🔍 **提示**
>
> 单击"设置"按钮 ⊞，弹出"镜头扭曲设置"对话框。在此对话框中可以更直观地设置效果，如图4-185所示。

图4-184

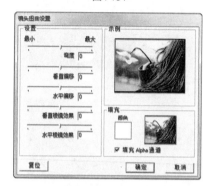

图4-185

应用"镜头扭曲"特效前、后的效果如图4-186和图4-187所示。

图4-186

图4-187

4.3.7 杂波与颗粒视频特效

杂波与颗粒视频特效主要用于去除素材画面中的擦痕及噪点，共包含6种特效。

1．中值

该特效用于将图像的每一个像素都用它周围像素的RGB平均值来代替，从而达到平均整个画面的色值，得到艺术效果的目的。应用"中值"特效前、后的效果如图4-188和图4-189所示。

图4-188

图4-189

2．杂波

该特效将在画面中添加模拟的噪点效果。应用"杂波"特效前、后的效果如图4-190和图4-191所示。

图4-190

图4-191

3．杂波Alpha

该特效可以在一个素材的通道中添加统一或方形的噪波。应用"杂波Alpha"特效前、后的效果如图4-192和图4-193所示。

图4-192

图4-193

4．杂波HLS

该特效可以根据素材的色相、亮度和饱和度添加不规则的噪点。应用该特效后，其参数面板如图4-194所示。

图4-194

"杂波"选项：用于设置噪声的类型。

"色相"选项：用于设置色相通道产生杂质的强度。

"明度"选项：用于设置亮度通道产生杂质的强度。

"饱和度"选项：用于设置饱和度通道产生

杂质的强度。

"颗粒大小"选项：用于设置素材中添加杂质的颗粒大小。

"杂波相位"选项：用于设置杂质的方向角度。

应用"杂波HLS"特效前、后的效果如图4-195和图4-196所示。

图4-195

图4-196

5. 灰尘与划痕

该特效可以减少图像中的杂色，以达到平衡整个图像色彩的效果。应用该特效后，其参数面板如图4-197所示。

图4-197

"半径"选项：用于设置搜索像素间差异的距离。较高的值会使图像模糊。

"阈值"选项：用于设置像素能够与其邻近

像素在多大程度上不同而不被效果更改。

应用"灰尘与划痕"特效前、后的效果如图4-198和图4-199所示。

图4-198

图4-199

6. 自动杂波HLS

该特效可以为素材添加杂色，并设置这些杂色的色彩、亮度、颗粒大小、饱和度及杂质的运动速率。应用"自动杂波HLS"特效前、后的效果如图4-200和图4-201所示。

图4-200

图4-201

4.3.8　课堂案例——短片特效

【案例学习目标】使用视频特效制作短片特效。

【案例知识要点】使用"导入"命令导入视频文件，使用"彩色浮雕"特效制作视频浮雕效果，使用"百叶窗"特效制作视频过渡效果，使用"放大"特效制作视频放大效果，使用"基本3D"特效制作文字旋转效果，使用"时间码"特效插入时间码。短片特效效果如图4-202所示。

【效果所在位置】Ch04/短片特效/短片特效.prproj。

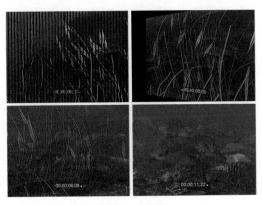

图4-202

1. 新建项目与导入素材

（1）启动Premiere Pro CS6软件，弹出"欢迎使用 Adobe Premiere Pro"欢迎界面，单击"新建项目"按钮 ，弹出"新建项目"对话框，设置"位置"选项，选择保存文件的路径，在"名称"文本框中输入文件名"短片特效"，如图4-203所示。单击"确定"按钮，弹出"新建序列"对话框，在左侧的列表中展开"DV-PAL"选项，选中"标准 48kHz"模式，如图4-204所示，单击"确定"按钮完成序列的创建。

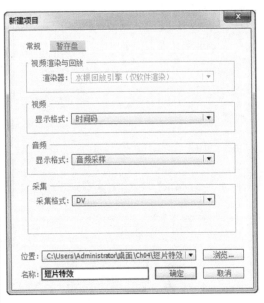

图4-203

图4-204

（2）选择"文件 > 导入"命令，弹出"导入"对话框，选择本书学习资源中的"Ch04/短片特效/素材/01"文件，如图4-205所示，单击"打开"按钮，将视频文件导入"项目"面板，如图4-206所示。

图4-205

图4-206

（3）在"项目"面板中，选中"01"文件并将其拖曳到"时间线"面板的"视频1"轨道中，弹出"素材不匹配警告"对话框，如图4-207所示，单击"保持现有设置"按钮，将"01"文件放置在"视频1"轨道中，如图4-208所示。

图4-207

图4-208

2．添加特效

（1）选择"窗口 > 效果"命令，弹出"效果"面板，展开"视频特效"分类选项，单击"视频"文件夹前面的三角形按钮▶将其展开，选中"时间码"特效，如图4-209所示。将"时间码"特效拖曳到"时间线"面板的"视频1"轨道中的"01"文件上，如图4-210所示。

图4-209

图4-210

（2）选择"特效控制台"面板，展开"时间码"特效并进行参数设置，如图4-211所示。在"节目"面板中预览效果，如图4-212所示。

图4-211

图4-212

（3）在"效果"面板中展开"视频特效"分类选项，单击"风格化"文件夹前面的三角形按钮▶将其展开，选中"彩色浮雕"特效，如图4-213所示。将"彩色浮雕"特效拖曳到"时间线"面板的"视频1"轨道中的"01"文件上，如图4-214所示。

图4-213

图4-214

（4）在"特效控制台"面板中展开"彩色浮雕"特效并进行参数设置，如图4-215所示。在

"节目"面板中预览效果，如图4-216所示。

图4-215

图4-216

（5）在"效果"面板中展开"视频特效"分类选项，单击"过渡"文件夹前面的三角形按钮▶将其展开，选中"百叶窗"特效，如图4-217所示。将"百叶窗"特效拖曳到"时间线"面板的"视频1"轨道中的"01"文件上，如图4-218所示。

图4-217

图4-218

（6）在"特效控制台"面板中展开"百叶窗"特效，将"过渡完成"选项设置为100%，单击"过渡完成"选项左侧的"切换动画"按钮，如图4-219所示，记录第1个动画关键帧。将时间标签放置在1:07s的位置，在"特效控制台"面板中将"过渡完成"选项设置为0%，如图4-220所示，记录第2个动画关键帧。

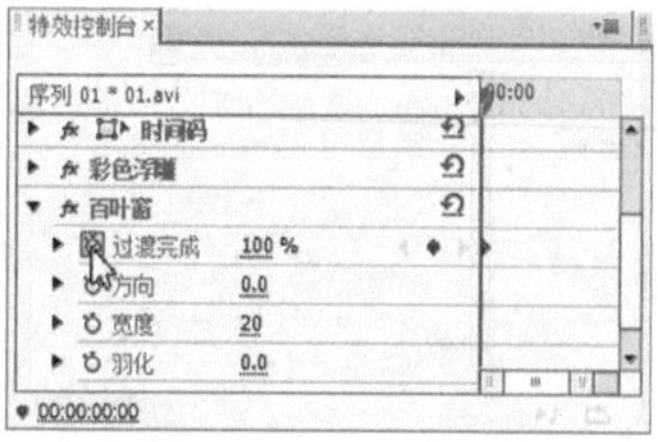

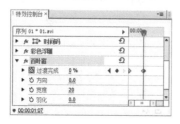

图4-219

图4-220

（7）在"效果"面板中展开"视频特效"分类选项，单击"扭曲"文件夹前面的三角形按钮▶将其展开，选中"放大"特效，如图4-221所示。将"放大"特效拖曳到"时间线"面板的"视频1"轨道中的"01"文件上，如图4-222所示。

图4-221

图4-222

（8）在"特效控制台"面板中展开"放大"特效并进行参数设置，如图4-223所示。在"节目"面板中预览效果，如图4-224所示。

图4-223

图4-224

（9）将时间标签放置在8:09s的位置，在"特效控制台"面板中单击"居中"选项左侧的"切换动画"按钮，如图4-225所示，记录第1个动画关键帧。将时间标签放置在11:11s的位置，在"特效控制台"面板中将"居中"选项设置为789和288，如图4-226所示，记录第2个动画关键帧。

图4-225

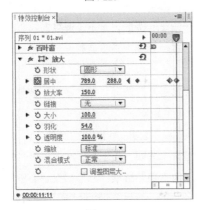

图4-226

（10）在"效果"面板中展开"视频特效"分类选项，单击"透视"文件夹前面的三角形按钮▶将其展开，选中"基本3D"特效，如图4-227所示。将"基本3D"特效拖曳到"时间线"面板的"视频1"轨道中的"01"文件上，如图4-228所示。

图4-227

图4-228

（11）将时间标签放置在3:24s的位置，在"特效控制台"面板中展开"基本3D"特效，单击"旋转"选项左侧的"切换动画"按钮，如图4-229所示，记录第1个动画关键帧。将时间标签放置在6:02s的位置，在"特效控制台"面板中将"旋转"选项设置为360，如图4-230所示，记录第2个动画关键帧。短片特效制作完成，如图4-231所示。

图4-229

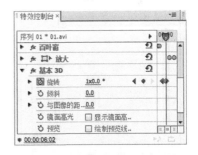

图4-230

图4-231

4.3.9 透视视频特效

透视视频特效主要用于制作三维透视效果，使素材产生立体感或空间感，该特效共包含5种类型。

1. 基本3D

该特效可以模拟平面图像在三维空间中的运动效果，能够使素材绕水平和垂直的轴旋转，或者沿着虚拟的z轴移动，以靠近或远离屏幕。此外，使用该特效可以为旋转的素材表面添加反光效果。应用该特效后，其参数面板如图4-232所示。

"**旋转**"**选项**：用于设置素材水平旋转的角度。当旋转角度为90°时，可以看到素材的背面，这就成了正面的镜像。

"**倾斜**"**选项**：用于设置素材垂直旋转的角度。

"**与图像的距离**"**选项**：用于设置素材拉近或推远的距离。数值越大，素材距离屏幕越远，看起来越小；数值越小，素材距离屏幕越近，看起来就越大。当数值为负值时，图像会被放大并挤出屏幕之外。

"**镜面高光**"**选项**：用于为素材添加反光效果。

"**预览**"**选项**：用于设置图像以线框的形式显示。

应用"基本3D"特效前、后的效果如图4-233和图4-234所示。

图4-232

图4-233

图4-234

2. 径向阴影

该特效为素材添加一个阴影，并可通过原素材的Alpha值影响阴影的颜色。应用该特效后，其参数面板如图4-235所示。

图4-235

"**阴影颜色**"**选项**：用于设置阴影的颜色。

"**透明度**"**选项**：用于设置阴影的透明度。

"**光源**"**选项**：用于调整光源来移动阴影的位置。

"**投影距离**"**选项**：该参数用于调整阴影与原素材之间的距离。

"**柔和度**"**选项**：用于设置阴影的边缘柔和度。

"**渲染**"**选项**：用于选择产生阴影的类型。

"**颜色影响**"**选项**：原素材在阴影中彩色值的合计。如果这个素材没有透明因素，彩色值将不会受到影响，而且阴影彩色数值决定阴影的颜色。

"**仅阴影**"**选项**：勾选此复选框，在节目监视器中将只显示素材的阴影。

"**调整图层大小**"**选项**：用于设置阴影可以超出原素材的界线。如果不勾选此复选框，阴影将只能在原素材的界线内显示。

应用"径向阴影"特效前、后的效果如图4-236和图4-237所示。

图4-236

图4-237

3．投影

该特效可用于为素材添加阴影。应用该特效后，其参数面板如图4-238所示。

图4-238

"**阴影颜色**"选项：用于设置阴影的颜色。

"**透明度**"选项：用于设置阴影的透明度。

"**方向**"选项：用于设置阴影投影的角度。

"**距离**"选项：用于设置阴影与原素材之间的距离。

"**柔和度**"选项：用于设置阴影的边缘柔和度。

"**仅阴影**"选项：勾选此复选框，在节目监视器中将只显示素材的阴影。

应用"投影"特效前、后的效果如图4-239和图4-240所示。

图4-239

图4-240

4．斜角边

该特效能够使图像边缘产生一个凿刻的高亮的三维效果。边缘的位置由源图像的Alpha通道来确定，与斜面Alpha效果不同，该效果中产生的边缘总是成直角的。应用该特效后，其参数面板如图4-241所示。

图4-241

"**边缘厚度**"选项：用于设置素材边缘凿刻的高度。

"**照明角度**"选项：用于设置光线照射的角度。

"**照明颜色**"选项：用于选择光线的颜色。

"**照明强度**"选项：用于设置光线照射到素材的强度。

应用"斜角边"特效前、后的效果如图4-242和图4-243所示。

图4-242　　　　　　　图4-243

5．斜面Alpha

该特效能够产生一个倒角的边，而且使图像的Alpha通道边界变亮，通常是将一个二维图像赋予三维效果，如果素材没有Alpha通道或它的Alpha通道完全不透明，那么这个效果就全应用到素材边缘。应用该特效后，其参数面板如图4-244所示。

"**边缘厚度**"选项：用于设置素材边缘的厚度。

"**照明角度**"选项：用于设置光线照射的角度。

"**照明颜色**"选项：用于选择光线的颜色。

"**照明强度**"选项：用于设置光线照射素材的强度。

应用"斜面Alpha"特效前、后的效果如图4-245和图4-246所示。

图4-244

图4-245　　　　　　　图4-246

4.3.10 课堂案例——彩色浮雕

【**案例学习目标**】使用视频特效制作彩色浮雕特效。

【**案例知识要点**】使用"彩色浮雕"命令制作图片的彩色浮雕效果，使用"百叶窗"特效制作视频过渡。彩色浮雕效果如图4-247所示。

图4-247

【**效果所在位置**】Ch04/彩色浮雕/彩色浮雕. prproj。

（1）启动Premiere Pro CS6软件，弹出"欢迎使用 Adobe Premiere Pro"欢迎界面，单击"新建项目"按钮🔳，弹出"新建项目"对话框，设置"位置"选项，选择保存文件的路径，在"名称"文本框中输入文件名"彩色浮雕"，如图4-248所示。单击"确定"按钮，弹出"新建序列"对话框，在左侧的列表中展开"DV-PAL"选项，选中"标准 48kHz"模式，如图4-249所示，单击"确定"按钮完成序列的创建。

图4-248

图4-249

（2）选择"文件 > 导入"命令，弹出"导入"对话框，选择本书学习资源中的"Ch04/彩色浮雕/素材/01"文件，单击"打开"按钮，导入图片，如图4-250所示。导入后的文件将排列在"项目"面板中，如图4-251所示。

图4-250

图4-251

（3）在"项目"窗口中选中"01"文件，将其拖曳到"时间轴"窗口的"视频1"轨道中，如图4-252所示。选择"窗口 > 效果"命令，弹出"效果"面板，展开"视频特效"分类选项，单击"风格化"文件夹前面的三角形按钮▶将其展开，选中"彩色浮雕"特效，如图4-253所示。将"彩色浮雕"特效拖曳到"时间轴"窗口的"视频1"轨道中的"01"文件上，如图4-254所示。

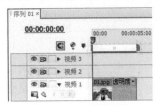

图4-252

图4-253

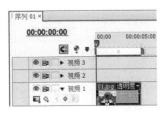

图4-254

（4）选择"特效控制台"面板，展开"彩色浮雕"选项，参数设置如图4-255所示。在"节目"窗口中预览效果，如图4-256所示。

图4-255

图4-256

（5）在"效果"面板中展开"视频特效"分类选项，单击"过渡"文件夹前面的三角形按钮▶将其展开，选中"百叶窗"特效，如图4-257所示。将"百叶窗"特效拖曳到"时间线"面板的"视频1"轨道中的"01"文件上，如图4-258所示。

图4-257

图4-258

（6）在"特效控制台"面板中展开"百叶窗"特效，将"过渡完成"选项设置为100%，单击"过渡完成"选项左侧的"切换动画"按钮⏀，如图4-259所示，记录第1个动画关键帧。将时间标签放置在0:16s的位置，在"特效控制台"面板中将"过渡完成"选项设置为0%，如图4-260所示，记录第2个动画关键帧。

图4-259

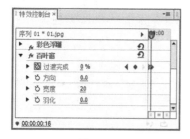

图4-260

（7）在"项目"窗口中选中"01"文件，将其拖曳到"时间轴"窗口的"视频2"轨道中，如图4-261所示。将时间标签放置在0s的位置，在"特效控制台"面板中展开"透明度"选项，将"透明度"选项设置为73.0%，如图4-262所示。在"节目"面板中预览效果，如图4-263所示。

图4-261

图4-262

图4-263

（8）在"效果"面板中展开"视频特效"分类选项，单击"风格化"文件夹前面的三角形按钮▶将其展开，选中"浮雕"特效，如图4-264所示。将"浮雕"特效拖曳到"时间轴"窗口的"视频2"轨道中的"01"文件上，如图4-265所示。

图4-264

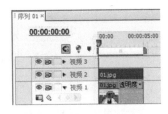

图4-265

（9）选择"特效控制台"面板，展开"浮雕"选项，参数设置如图4-266所示。彩色浮雕制作完成，如图4-267所示。

图4-266

图4-267

4.3.11 风格化视频特效

"风格化"视频特效主要是模拟一些美术风格，实现丰富的画面效果，该特效包含13种类型。

1. Alpha辉光

该特效对含有通道的素材起作用，在通道的边缘部分产生一圈渐变的辉光效果，可以在单色的边缘处或者在边缘运动时变成两个颜色。应用该特效后，其参数面板如图4-268所示。

"发光"选项：用于设置光晕从素材的Alpha通道扩散边缘的大小。

"亮度"选项：用于设置辉光的强度。

"起始颜色"/"结束颜色"选项：用于设置辉光内部/外部的颜色。

应用"Alpha辉光"特效前、后的效果如图4-269和图4-270所示。

图4-268

图4-269　　　　　　　图4-270

2. 复制

该特效可以将图像复制成指定的数量并同时在每一单元中播放出来。在"特效控制台"面板中拖曳"计数"参数选项的滑块，可以设置每行或每列的分块数目。应用"复制"特效前、后的效果如图4-271和图4-272所示。

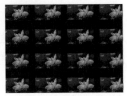

图4-271　　　　　　　图4-272

3. 彩色浮雕

该特效通过锐化素材中物体的轮廓，从而使素材产生彩色的浮雕效果。应用该特效后，其参数面板如图4-273所示。

图4-273

"方向"选项：用于设置浮雕的方向。

"凸现"选项：用于设置浮雕压制的明显高度，实际上就是设定浮雕边缘最大加亮宽度。

"对比度"选项：用于设置图像内容的边缘锐利程度。如增加对比度的参数值，加亮区会变得更明显。

"与原始图像混合"选项：该参数值越小，上述设置项的效果越明显。

应用"彩色浮雕"特效前、后的效果如图4-274和图4-275所示。

图4-274　　　　　　　　图4-275

4. 曝光过度

该特效可以沿着画面的正反方向进行混合，从而产生类似于底片在显影时的快速曝光效果。应用"曝光过度"特效前、后的效果如图4-276和图4-277所示。

图4-276　　　　　　　　图4-277

5. 材质

该特效可以在一个素材上显示另一个素材的纹理。应用该特效后，其参数面板如图4-278所示。

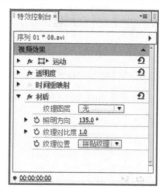

图4-278

"纹理图层"选项：用于选择与素材混合的视频轨道。

"照明方向"选项：用于设置光照的方向，该选项决定纹理图案的亮部方向。

"纹理对比度"选项：用于设置纹理的强度。

"纹理位置"选项：用于指定纹理的应用方式。

应用"材质"特效前、后的效果如图4-279和图4-280所示。

图4-279　　　　　　　　图4-280

6. 查找边缘

该特效通过强化素材中物体的边缘，从而使素材产生类似于铅笔素描或底片的效果，而且构图越简单，明暗对比越强烈的素材，描出的线条越清楚。应用该特效后，其参数面板如图4-281所示。

"反相"选项：用于设置在找到边缘之后反转图像。当取消勾选此复选框时，边缘在白色背景上显示为暗线；当勾选此复选框时，边缘在黑色背景上显示为亮线。

"与原始图像混合"选项：用于设置与原素

材混合的程度。数值越小，上述各参数选项设置的效果越明显。

应用"查找边缘"特效前、后的效果如图4-282和图4-283所示。

图4-281

图4-282　　　　图4-283

7．浮雕

该特效与"彩色浮雕"特效的效果相似，只是没有色彩，它们的各项参数选项都相同，即通过锐化素材中物体的轮廓使画面产生浮雕效果。应用"浮雕"特效前、后的效果如图4-284和图4-285所示。

图4-284　　　　图4-285

8．笔触

该特效使素材产生一种使用美术画笔描绘的效果。应用特效后，其参数面板如图4-286所示。

"描绘角度"选项：用于设置笔划的角度。

"画笔大小"选项：用于设置笔刷的大小。

"描绘长度"选项：用于设置笔刷的长度。

"描绘浓度"选项：用于设置笔触的浓度。

"描绘随机性"选项：用于设置笔触随机描绘的程度。

"表面上色"选项：用于设置应用笔触效果的区域。

"与原始图像混合"选项：用于设置与原素材混合的程度。数值越小，上述各参数选项设置的效果越明显。

应用"笔触"特效前、后的效果如图4-287和图4-288所示。

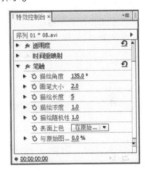

图4-286

图4-287　　　　图4-288

9．色调分离

该特效可以将图像按照多色调进行显示，为每一个通道指定色调级别的数值，并将像素映射到最接近的匹配级别。应用"色调分离"特效前、后的效果如图4-289和图4-290所示。

图4-289　　　　图4-290

10．闪光灯

该特效能够以一定的周期或随机地对一个素材进行算术运算，例如，每隔5s素材就变成白色并显示0.1s，或素材颜色以随机的时间间隔进行反转。此特效常用来模拟照相机的瞬间强烈闪光效果。应用该特效后，其参数面板如图4-291所示。

图4-291

"明暗闪动"选项：用于设置频闪瞬间屏幕上呈现的颜色。

"与原始图像混合"选项：用于设置与原素材混合的程度。

"明暗闪动持续时间"选项：用于设置频闪持续的时间。

"明暗闪动间隔时间"选项：以秒为单位，设置频闪效果出现的间隔时间。它是从相邻两个频闪效果的开始时间算起的，因此，当该选项的数值大于"明暗闪动持续时间"选项时才会出现频闪效果。

"随机明暗闪动概率"选项：用于设置素材中每一帧产生频闪效果的概率。

"闪光"选项：用于设置频闪效果的不同类型。

"闪光运算符"选项：用于设置频闪时所使用的运算方法。

应用"闪光灯"特效前、后的效果如图4-292和图4-293所示。

图4-292

图4-293

11．边缘粗糙

该特效可以使素材的Alpha通道边缘粗糙化，从而使素材或者栅格化文本产生一种粗糙的自然外观。应用"边缘粗糙"特效前、后的效果如图4-294和图4-295所示。

图4-294

图4-295

12．阈值

该特效可以将图像变成灰度模式。应用"阈值"特效前、后的效果如图4-296和图4-297所示。

图4-296

图4-297

13．马赛克

该特效用若干方形色块填充素材，使素材产生马赛克效果。此效果通常用于模拟低分辨率显示或者模糊图像。应用该特效后，其参数面板如图4-298所示。

"水平块"选项：用于设置水平方向上的分割色块数量。

"垂直块"选项：用于设置垂直方向上的分割色块数量。

"锐化颜色"选项：勾选此复选框，可锐化图像素材。

应用"马赛克"特效前、后的效果如图4-299和图4-300所示。

图4-298

图4-299　　　　　　　　图4-300

4.3.12　时间视频特效

"时间"视频特效用于对素材的时间特性进行控制，该特效包含两种类型。

1．重影

该特效可以将素材中不同时间的多个帧进行同时播放，产生条纹和反射的效果。应用该特效后，其参数面板如图4-301所示。

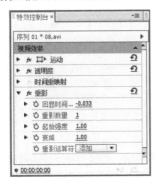

图4-301

"回显时间"选项：用于设置两个混合图像之间的时间间隔。

"重影数量"选项：用于设置重复帧的数量。

"起始强度"选项：用于设置素材的亮度。

"衰减"选项：用于设置组合素材强度减弱

的比例。

"重影运算符"选项：用于确定在回声与素材之间的混合模式。

应用"重影"特效前、后的效果如图4-302和图4-303所示。

图4-302　　　　　　　　图4-303

2．抽帧

该特效可以将素材设定为某一个帧率进行播放，产生跳帧的效果，图4-304所示为"抽帧"特效设置。

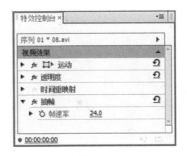

图4-304

该特效只有一项参数"帧速率"可以设置。当修改素材默认的播放速率以后，素材就会按照指定的播放速率进行播放，从而产生跳帧播放的效果。

4.3.13　过渡视频特效

"过渡"视频特效主要用于对两个素材之间进行连接的切换，该特效共包含5种类型。

1．块溶解

该特效通过随机产生的板块对图像进行溶解。应用该特效后，其参数面板如图4-305所示。

"过渡完成"选项：用于设置画面过渡的完成量。

"块宽度/块高度"选项：用于设置板块的宽度/高度。

"羽化"选项：用于设置板块边缘的羽化程度。

"柔化边缘"选项：勾选此复选框，板块边缘将进行柔化处理。

应用"块溶解"特效前、后的效果如图4-306和图4-307所示。

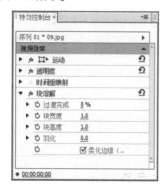

图4-305

图4-306　　　　　　　图4-307

2. 径向擦除

该特效可以围绕指定点以旋转的方式进行图像的擦除。应用该特效后，其参数面板如图4-308所示。

图4-308

"过渡完成"选项：用于设置转换完成的百分比。

"起始角度"选项：用于设置转换效果的起始角度。

"擦除中心"选项：用于设置擦除的中心点位置。

"擦除"选项：用于设置擦除的类型。

"羽化"选项：用于设置擦除边缘的羽化程度。

应用"径向擦除"特效前、后的效果如图4-309和图4-310所示。

图4-309　　　　　　　图4-310

3. 渐变擦除

该特效可以根据两个层的亮度值建立一个渐变层，在指定层和原图层之间进行渐变切换。应用该特效后，其参数面板如图4-311所示。

图4-311

"过渡完成"选项：用于设置转换完成的百分比。

"过渡柔和度"选项：用于设置转换边缘的柔化程度。

"渐变图层"选项：用于选择进行参考的渐变层。

"渐变位置"选项：用于设置渐变层放置的位置。

"反相渐变"选项：勾选此复选框，将对渐变层进行反转。

应用"渐变擦除"特效前、后的效果如图4-312和图4-313所示。

图4-312

图4-313

4．百叶窗

该特效通过对图像进行百叶窗式的分割，形成图层之间的切换。应用该特效后，其参数面板如图4-314所示。

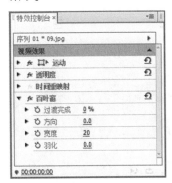

图4-314

"过渡完成"选项：用于设置转换完成的百分比。

"方向"选项：用于设置素材分割的角度。

"宽度"选项：用于设置分割的宽度。

"羽化"选项：用于设置分割边缘的羽化程度。

应用"百叶窗"特效前、后的效果如图4-315和图4-316所示。

图4-315

图4-316

5．线性擦除

该特效通过线条划过的方式形成擦除效果。应用该特效后，其参数面板如图4-317所示。

图4-317

"过渡完成"选项：用于设置转换完成的百分比。

"擦除角度"选项：设置素材被擦除的角度。

"羽化"选项：用于设置擦除边缘的羽化程度。

应用"线性擦除"特效的效果如图4-318和图4-319所示。

图4-318

图4-319

4.3.14　视频特效

视频特效只包含"时间码"一种特效，该特效主要用于对时间码进行显示。

时间码特效可以在影片的画面中插入时间码信息。应用"时间码"特效前、后的效果如图4-320和图4-321所示。

图4-320

图4-321

课堂练习——飘落的树叶

【练习知识要点】使用"导入"命令导入素材文件，使用"位置"和"缩放比例"选项编辑图像的位置与缩放大小，使用"旋转"选项制作树叶旋转动画，使用"边角固定"特效编辑图像边角并制作动画。飘落的树叶效果如图4-322所示。

【效果所在位置】Ch04/飘落的树叶/飘落的树叶.prproj。

图4-322

课后习题——夕阳斜照

【习题知识要点】使用"导入"命令导入素材文件，使用"基本信号控制"特效调整图像的颜色，使用"镜头光晕"特效编辑模拟强光折射效果。夕阳斜照效果如图4-323所示。

【效果所在位置】Ch04/夕阳斜照/夕阳斜照.prproj。

图4-323

第 5 章

调色、抠像与叠加

本章介绍

本章主要介绍在Premiere Pro CS6中为素材调色、抠像与叠加的基础设置方法。调色、抠像与叠加属于Premiere Pro CS6剪辑中较高级的应用，它可以使影片通过剪辑产生完美的画面合成效果。通过学习本章案例，可加强理解相关知识，使读者掌握Premiere Pro CS6的调色、抠像与叠加技术。

学习目标

◆ 了解视频调色基础。

◆ 掌握视频调色技术的应用方法。

◆ 了解抠像及叠加技术的应用方法。

技能目标

◆ 掌握"水墨画"的制作方法。

◆ 掌握"怀旧老电影"的制作方法。

◆ 掌握"淡彩铅笔画"的制作方法。

◆ 掌握"抠像效果"的制作方法。

在视频编辑过程中，调整画面的色彩是至关重要的，因此经常需要将拍摄的素材进行颜色的调整。抠像后也需要校色来使当前对象与背景协调。为此，Premiere Pro CS6提供了一整套的图像调整工具。

在进行颜色校正前，必须要保证监视器显示颜色准确，否则调整出来的影片颜色就不准确。对监视器颜色的校正，除了使用专门的硬件设备外，也可以凭自己的眼睛来校准监视器色彩。

在Premiere Pro CS6中，"节目"监视器面板提供了多种素材的显示方式，不同的显示方式，对分析影片有着重要的作用。

单击"节目"监视器窗口右上方的 按钮，在弹出的下拉列表中选择窗口不同的显示模式，如图5-1所示。

图5-1

"合成视频"：在该模式下显示编辑合成后的影片效果。

"Alpha"：在该模式下显示影片Alpha通道。

"全部范围"：在该模式下显示所有颜色分析模式，包括波形、矢量、YCbCr和RGB。

"矢量示波器"：在部分电影的制作中，会用到"矢量图"和"YC波形"两种硬件设备，主要用于检测影片的颜色信号。"矢量图"模式主要用于检测色彩信号。信号的色相饱和度构成一个圆形的图表，饱和度从圆心开始向外扩展，越向外，饱和度越高。

从图表中可以看出，图5-2所示上方素材的饱和度较低，绿色的饱和度信号处于中心位置，而下方的素材饱和度被提高，信号开始向外扩展。

图5-2

"YC波形"：该模式用于检测亮度信号时非常有用。它使用IRE标准单位进行检测。水平方向轴表示视频图像，垂直方向轴则检测亮度。在绿色的波形图表中，明亮的区域总是处于图表上方，而暗淡区域总在图表下方，如图5-3所示。

图5-3

"YCbCr检视"：该模式主要用于检测NTSC颜色区间。图表中左侧的垂直信号表示影片的亮度，右侧水平线为色相区域，水平线上的波形则表示饱和度的高低，如图5-4所示。

图5-4

"RGB检视"：该模式主要检测RGB颜色区间。图表中水平坐标从左到右分别为红、绿和蓝颜色区间，垂直坐标则显示颜色数值，如图5-5所示。

图5-5

5.2 视频调色技术详解

在Premiere Pro CS6的"效果"面板中，包含了一些专门用于改变图像亮度、对比度和颜色的特效，这些颜色增强工具集中于"视频特效"文件夹的3个子文件夹中，它们分别为"调整""图像控制""色彩校正"。下面分别进行详细介绍。

5.2.1 课堂案例——水墨画

【案例学习目标】使用多个调整特效制作水墨画。

【案例知识要点】使用"黑白"命令将彩色图像转换为灰度图像，使用"查找边缘"命令制作图像的边缘，使用"色阶"命令调整图像的亮度和对比度，使用"高斯模糊"命令制作图像模糊效果，使用"字幕"命令输入与编辑文字，使用"运动"选项调整文字位置。水墨画效果如图5-6所示。

【效果所在位置】Ch05/水墨画/水墨画.prproj。

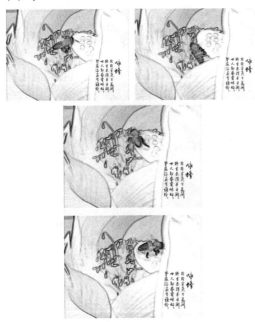

图5-6

1. 制作图像水墨效果

（1）启动Premiere Pro CS6软件，弹出"欢迎使用Adobe Premiere Pro"界面，单击"新建项目"按钮 ■，弹出"新建项目"对话框，设置"位置"选项，选择保存文件的路径，在"名称"文本框中输入文件名"水墨画"，如图5-7所示。单击"确定"按钮，弹出"新建序列"对话框，在左侧的列表中展开"DV-PAL"选项，选中"标准48kHz"模式，如图5-8所示，单击"确定"按钮。

（2）选择"文件 > 导入"命令，弹出"导入"对话框，选择本书学习资源中的"Ch05/水墨画/素材/01"文件，单击"打开"按钮，导入视频文件，如图5-9所示。导入后的文件排列在"项目"面板中，如图5-10所示。

图5-7

图5-8

图5-9

图5-10

（3）在"项目"面板中选中"01"文件并将其拖曳到"时间线"窗口的"视频1"轨道中，如图5-11所示。选择"窗口 > 效果"命令，弹出"效果"面板，展开"视频特效"分类选项，单击"图像控制"文件夹前面的三角形按钮▶将

其展开，选中"黑白"特效，如图5-12所示。将"黑白"特效拖曳到"时间线"窗口中的"01"文件上，如图5-13所示。在"节目"窗口中预览效果，如图5-14所示。

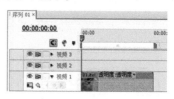

图5-11

图5-12

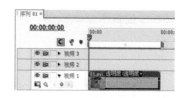

图5-13

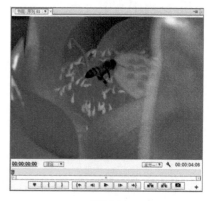

图5-14

（4）在"效果"面板中展开"视频特效"分类选项，单击"风格化"文件夹前面的三角形按钮▶将其展开，选中"查找边缘"特效，如图5-15所示。将"查找边缘"特效拖曳到"时间

线"窗口中的"01"文件上，如图5-16所示。

图5-15

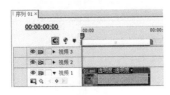

图5-16

（5）在"特效控制台"面板中展开"查找边缘"特效，将"与原始图像混合"选项设置为24%，如图5-17所示。在"节目"窗口中预览效果，如图5-18所示。

图5-17

图5-18

（6）在"效果"面板中展开"视频特效"分类选项，单击"调整"文件夹前面的三角形按

钮▶将其展开，选中"色阶"特效，如图5-19所示。将"色阶"特效拖曳到"时间线"窗口中的"01"文件上，如图5-20所示。

图5-19

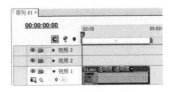

图5-20

（7）在"特效控制台"面板中展开"色阶"特效并进行参数设置，如图5-21所示。在"节目"窗口中预览效果，如图5-22所示。

图5-21

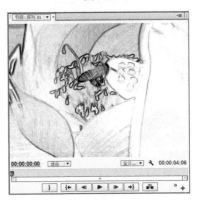

图5-22

（8）在"效果"面板中展开"视频特效"分类选项，单击"模糊与锐化"文件夹前面的三角形按钮▶将其展开，选中"高斯模糊"特效，如图5-23所示。将"高斯模糊"特效拖曳到"时间线"窗口中的"01"文件上，如图5-24所示。

图5-23

图5-24

（9）在"特效控制台"面板中展开"高斯模糊"特效，将"模糊度"选项设置为5.6，如图5-25所示。在"节目"窗口中预览效果，如图5-26所示。

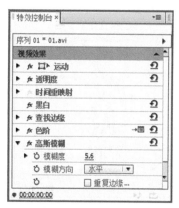

图5-25

图5-26

2. 添加文字

（1）选择"文件 > 新建 > 字幕"命令，弹出"新建字幕"对话框，在"名称"文本框中输入"题词"，如图5-27所示。单击"确定"按钮，弹出字幕编辑面板，选择"垂直文字"工具，在字幕工作区中输入需要的文字，其他设置如图5-28所示。关闭字幕编辑面板，新建的字幕文件自动保存到"项目"窗口中。

图5-27

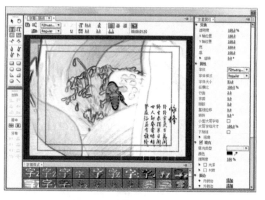

图5-28

（2）在"项目"窗口中选中"题词"层并将其拖曳到"时间线"窗口的"视频2"轨道中，如图5-29所示。在"视频2"轨道上选中"02"文件，将鼠标指针放在"02"文件的尾部，当鼠标指针呈◄►状时，向左拖曳鼠标到适当的位置上，如图5-30所示。在"节目"窗口中预览效果，如图5-31所示。水墨画制作完成。

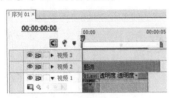

图5-29

图5-30

图5-31

5.2.2 调整特效

如果需要调整素材的亮度、对比度、色彩及通道，修复素材的偏色或者曝光不足等缺陷，提高素材画面的颜色及亮度，制作特殊的色彩效果，建议使用"调整"特效。该类特效是使用较频繁的一类特效，共包含7个视频特效。

1. 卷积内核

该特效根据运算改变素材中每个像素的颜色和亮度值，从而改变图像的质感。应用该特效后，其参数面板如图5-32所示。

图5-32

"M11"～"M33"选项：表示像素亮度增效的矩阵，其参数值可在-30～30之间调整。

"偏移"选项：用于调整素材的色彩明暗偏移量。

"缩放"选项：输入一个数值，在操作中包含的像素总和将除以该数值。

应用"卷积内核"特效前、后的效果如图5-33和图5-34所示。

图5-33   图5-34

2. 基本信号控制

该特效可用于调整素材的亮度、对比度和色相，是一个较为常用的视频特效。应用"基本信号控制"特效前、后的效果如图5-35和图5-36所示。

图5-35   图5-36

3. 提取

该特效可以从视频片段中吸取颜色，然后通过设置灰度的范围控制影像的显示。应用该特效后，其参数面板如图5-37所示。

图5-37

"输入黑色阶"选项：表示画面中黑色的提取情况。

"输入白色阶"选项：表示画面中白色的提取情况。

"柔和度"选项：用于调整画面的灰度，数值越大，其灰度越高。

"反相"选项：勾选此复选框，将对黑色和白色像素范围进行反转。

应用"提取"特效前、后的效果如图5-38和图5-39所示。

图5-38

图5-39

4. 照明效果

该特效可以为素材最多添加5个灯光照明，以模拟舞台追光灯的效果。在该效果对应的"特效控制台"面板中可以设置灯光的类型、方向、强度、颜色和中心点的位置等。应用"照明效果"特效前、后的效果如图5-40和图5-41所示。

图5-40

图5-41

5. 自动对比度、自动色阶、自动颜色

使用"自动对比度""自动色阶"和"自动颜色"3个特效可以快速、全面修整素材，调整素材的中间色调、暗调和高亮区的颜色。

"自动对比度"特效主要用于调整所有颜色的亮度和对比度。应用该特效后，其参数面板如图5-42所示。

图5-42

"自动色阶"特效主要用于调整暗部和高亮区。应用该特效后，其参数面板如图5-43所示。

图5-43

"自动颜色"特效主要用于调整素材的颜色。应用该特效后，其参数面板如图5-44所示。

图5-44

以上3种特效均提供了5个相同的参数选项，具体含义如下。

"瞬时平滑"选项：设置平滑的处理秒数。当该选项值为0时，Premiere Pro CS6将独立地分析每一帧；当该选项值高于1时，Premiere Pro CS6会在帧显示前以1s的时间间隔分析帧。

"场景检测"选项：在设置了"瞬时平滑"选项值后，该复选框才被激活。勾选此复选框，Premiere Pro CS6将忽略场景变化。

"减少黑色像素/减少白色像素"选项：用于增加或减少图像的黑色/白色。

"与原始图像混合"选项：用于改变素材应用特效的程度。当该选项值为0时，在素材上可以看到100%的特效；当该选项值为100时，在素材上可以看到0%的特效。

"自动颜色"特效还提供了"对齐中性中间调"参数选项。勾选此复选框，可调整颜色的灰阶数值。

应用"自动对比度"特效前、后的效果如图5-45和图5-46所示。

图5-45

图5-46

应用"自动色阶"特效前、后的效果如图5-47和图5-48所示。

图5-47

图5-48

应用"自动颜色"特效前、后的效果如图5-49和图5-50所示。

图5-49

图5-50

6．色阶

该特效可以调整影片的亮度和对比度。应用该特效后，其参数面板如图5-51所示。单击右上角的"设置"按钮，弹出"色阶设置"对话框，左侧显示了当前画面的柱状图，水平方向代表亮度值，垂直方向代表对应亮度值的像素总数。在上方的下拉列表中，可以选择需要调整的颜色通道，如图5-52所示。

图5-51

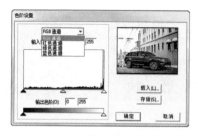

图5-52

"通道"选项：在该下拉列表中可以选择需要调整的通道。

"输入色阶"选项：用于进行颜色的调整。拖曳下方的三角形滑块，可以改变颜色的对比度。

"输出色阶"选项：用于调整输出的级别。在该文本框中输入有效数值，可以对素材输出亮度进行修改。

"载入"选项：单击该按钮可以载入以前所存储的效果。

"存储"选项：单击该按钮可以保存当前的设置。

应用"色阶"特效前、后的效果如图5-53和图5-54所示。

图5-53

图5-54

7. 阴影/高光

该特效用于分别调整素材的阴影和高光区域。应用"阴影/高光"特效前、后的效果如图5-55和图5-56所示。该特效不应用于整个图像的调暗或调亮，但可以基于图像周围的像素，单独调整图像高光区域。

图5-55   图5-56

5.2.3 课堂案例——怀旧老电影

【案例学习目标】使用多个调整特效制作怀旧老电影。

【案例知识要点】使用"导入"命令导入视频文件，使用"基本信号控制"特效调整图像的亮度、饱和度和对比度，使用"色彩平衡"特效降低图像中的部分颜色，使用"DE_AgedFilm"外部特效制作老电影效果。怀旧老电影效果如图5-57所示。

【效果所在位置】Ch05/怀旧老电影/怀旧老电影. prproj。

图5-57

（1）启动Premiere Pro CS6软件，弹出"欢迎使用Adobe Premiere Pro"界面，单击"新建项目"按钮 ，弹出"新建项目"对话框，设置"位置"选项，选择保存文件的路径，在"名称"文本框中输入文件名"怀旧老电影效果"，如图5-58所示。单击"确定"按钮，弹出"新建序列"对话框，在左侧的列表中展开"DV-PAL"

选项，选中"标准48kHz"模式，如图5-59所示，单击"确定"按钮。

图5-58

图5-59

（2）选择"文件 > 导入"命令，弹出"导入"对话框，选择本书学习资源中的"Ch05/怀旧老电影/素材/01"文件，单击"打开"按钮，导入视频文件，如图5-60所示。导入后的文件排列在"项目"面板中，如图5-61所示。

图5-60

图5-61

（3）在"项目"面板中选中"01"文件，并将其拖曳到"时间轴"窗口的"视频1"轨道中，如图5-62所示。选择"窗口 > 效果"命令，弹出"效果"面板，展开"视频特效"分类选项，单击"调整"文件夹前面的三角形按钮▶将其展开，选中"基本信号控制"特效，如图5-63所示。将"基本信号控制"特效拖曳到"时间轴"窗口中的"01"文件上，如图5-64所示。

（4）在"特效控制台"面板中展开"基本信号控制"特效，将"对比度"选项设置为115.0，"饱和度"选项设置为50.0，如图5-65所示。在"节目"窗口中预览效果，如图5-66所示。

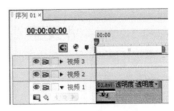

图5-62

图5-63

图5-64

图5-65

图5-66

（5）选择"效果"面板，展开"视频特效"分类选项，单击"色彩校正"文件夹前面的三角形按钮▷将其展开，选中"色彩平衡"特效，如图5-67所示。将"色彩平衡"特效拖曳到"时间轴"窗口中的"01"文件上，如图5-68所示。

图5-67

图5-68

（6）选择"特效控制台"面板，展开"色彩平衡"特效并进行参数设置，如图5-69所示。在"节目"窗口中预览效果，如图5-70所示。

图5-69

图5-70

（7）选择"效果"面板，展开"视频特效"分类选项，单击"Digieffects Damage v2.5"文件夹前面的三角形按钮▶将其展开，选中"DE_AgedFilm"特效，如图5-71所示。将"DE_AgedFilm"特效拖曳到"时间轴"窗口中的"01"文件上，如图5-72所示。

图5-71

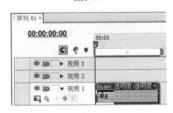

图5-72

（8）在"特效控制台"面板中展开"DE_AgedFilm"特效并进行参数设置，如图5-73所示。怀旧老电影制作完成，如图5-74所示。

图5-73

图5-74

5.2.4 图像控制特效

"图像控制"特效的主要用途是对素材进行色彩的特效处理，广泛运用于视频编辑中，处理一些前期拍摄中所遗留下的缺陷，或使素材达到某种预想的效果。这是一组重要的视频特效，它包含5种效果。

1. 灰度系数（Gamma）校正

该特效可以通过改变素材中间色调的亮度，在不改变素材亮度和阴影的情况下，使素材变得更明亮或更灰暗。应用"灰度系数（Gamma）校正"特效前、后的效果如图5-75和图5-76所示。

图5-75　　　　　　　图5-76

2. 色彩传递

该特效可以将素材中指定颜色以外的其他颜色转化成灰度（黑、白），即保留指定的颜色。该特效对应的"特效控制台"参数面板如图5-77所示，单击"设置"按钮，弹出"色彩传递设置"对话框，如图5-78所示。

图5-77

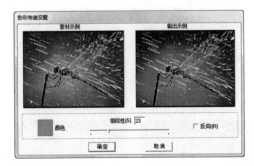

图5-78

"素材示例"选项：用于显示素材画面。将鼠标指针移动到此画面中并单击，可以直接在画面中选取颜色。

"输出示例"选项：用于显示添加了特效后的素材画面。

"颜色"选项：要保留的颜色。单击该色块，将弹出"色彩"对话框，从中可以设置要保留的颜色。

"相似性"选项：用于设置相似色彩的容差值，即增加或减少所选颜色的范围。

"反向"选项：勾选该复选框，可将颜色进行反转，即所选的颜色转变成灰度而其他颜色保持不变。

应用"色彩传递"特效前、后的效果如图5-79和图5-80所示。

图5-79　　　　　　图5-80

3．颜色平衡（RGB）

"颜色平衡（RGB）"特效可以通过对素材的红色、绿色和蓝色进行调整来达到改变图像色彩效果的目的。应用该特效后，其参数面板如图5-81所示。

图5-81

应用"颜色平衡（RGB）"特效前、后的效果如图5-82和图5-83所示。

图5-82　　　　　　图5-83

4．颜色替换

该特效可以指定某种颜色，然后使用一种新的颜色替换指定的颜色。该特效对应的"特效控制台"参数面板如图5-84所示，单击"设置"按钮，弹出"颜色替换设置"对话框，如图5-85所示。

图5-84

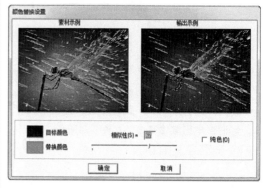

图5-85

"目标颜色"选项：用于设置被替换的颜色。选取的方法与"色彩传递设置"对话框中选取的方法相同。

"替换颜色"选项：用于设置替换当前的颜色。单击颜色块，在弹出的"色彩"对话框中进行设置。

"相似性"选项：用于设置相似色彩的容差值，即增加或减少所选颜色的范围。

"纯色"选项：勾选此复选框，该特效将用纯色替换目标色，没有任何过渡。

应用"颜色替换"特效前、后的效果如图5-86和图5-87所示。

图5-86

图5-87

影像。应用"黑白"特效前、后的效果如图5-88和图5-89所示。该特效没有参数选项。

图5-88

图5-89

5．黑白

该特效用于将彩色影像直接转换成黑白灰度

5.3　抠像及叠加技术

在Premiere Pro CS6中，用户不仅能够组合和编辑素材，还能够使素材与其他素材相互叠加，从而生成合成效果。一些效果绚丽的复合影视作品就是通过使用多个视频轨道的叠加、透明以及应用各种类型的键控来实现的。虽然Premiere Pro CS6不是专用的合成软件，但却有着强大的合成功能，既可以合成视频素材，也可以合成静止的图像，或者在两者之间相加合成。合成是影视制作过程中一个很常用的重要技术，在DV制作过程中也比较常用。

5.3.1　课堂案例——淡彩铅笔画

【案例学习目标】使用多个调整特效制作淡彩铅笔画。

【案例知识要点】使用"导入"命令导入素材文件，使用"缩放比例"选项改变图像的大小，使用"透明度"选项改变图像的不透明度，使用"查找边缘"特效制作图像的边缘，使用"色阶"特效调整图像的亮度和对比度，使用"黑白"特效将彩色图像转为灰度图像，使用"笔触"特效制作图像的粗糙外观。淡彩铅笔画效果如图5-90所示。

【效果所在位置】Ch05/淡彩铅笔画/淡彩铅笔画. prproj。

图5-90

（1）启动Premiere Pro CS6软件，弹出"欢迎使用 Adobe Premiere Pro"欢迎界面，单击"新建项目"按钮 📄，弹出"新建项目"对话框，设置"位置"选项，选择保存文件的路径，在"名称"文本框中输入文件名"淡彩铅笔画"，如图5-91所示。单击"确定"按钮，弹出"新建序列"对话框，在左侧的列表中展开"DV-PAL"选项，选中"标准 48kHz"模式，如图5-92所示，单击"确定"按钮完成序列的创建。

图5-91

图5-92

（2）选择"文件 > 导入"命令，弹出"导入"对话框，选择本书学习资源中的"Ch05/淡彩铅笔画/素材/01"文件，如图5-93所示，单击"打开"按钮，将素材文件导入"项目"面板，如图5-94所示。

图5-93

图5-94

（3）在"项目"面板中，选中"01"文件并将其拖曳到"时间线"面板的"视频1"轨道中，如图5-95所示。选择"01"文件，选择"特效控制台"面板，展开"运动"选项，将"位置"选项设置为400和282，"缩放比例"选项设置为75，如图5-96所示。

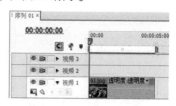

图5-95

图5-96

（4）在"时间线"面板中，选择"视频1"轨道中的"01"文件，按Ctrl+C组合键将其复制。在"时间线"面板中锁定"视频1"轨道，如图5-97所示。按Ctrl+V组合键，将复制的"01"文件粘贴到"视频2"轨道中，如图5-98所示。

图5-97

图5-98

（5）将时间标签放置在0s的位置。选中"视频2"轨道中的"01"文件，在"特效控制台"面板中展开"透明度"选项，将"透明度"选项设置为70%，如图5-99所示。在"节目"面板中预览效果，如图5-100所示。

图5-99

图5-100

（6）选择"窗口 > 效果"命令，弹出"效果"面板，展开"视频特效"分类选项，单击"风格化"文件夹前面的三角形按钮▶将其展开，选中"查找边缘"特效，如图5-101所示。将"查找边缘"特效拖曳到"时间线"面板的"视频2"轨道中的"01"文件上，如图5-102所示。

图5-101

图5-102

（7）在"特效控制台"面板中展开"查找边缘"特效并进行参数设置，如图5-103所示。在"节目"面板中预览效果，如图5-104所示。

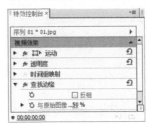

图5-103

图5-104

（8）在"效果"面板中展开"视频特效"分类选项，单击"调整"文件夹前面的三角形按钮▶将其展开，选中"色阶"特效，如图5-105所示。将"色阶"特效拖曳到"时间线"面板的"视频2"轨道中的"01"文件上，如图5-106所示。

图5-105

图5-106

（9）在"特效控制台"面板中展开"色阶"特效并进行参数设置，如图5-107所示。在"节目"面板中预览效果，如图5-108所示。

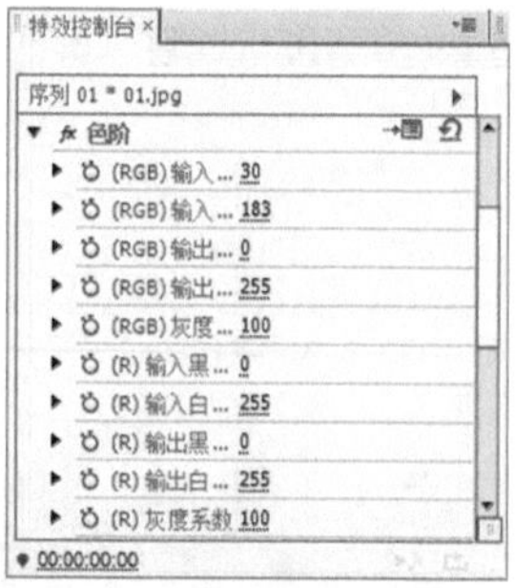

图5-107

图5-108

（10）在"效果"面板中展开"视频特效"分类选项，单击"图像控制"文件夹前面的三角形按钮▶将其展开，选中"黑白"特效，如图5-109所示。将"黑白"特效拖曳到"时间线"面板的"视频2"轨道中的"01"文件上，如图5-110所示。在"节目"面板中预览效果，如图5-111所示。

图5-109

图5-110

图5-111

（11）在"效果"面板中展开"视频特效"分类选项，单击"风格化"文件夹前面的三角形按钮▶将其展开，选中"笔触"特效，如图5-112所示。将"笔触"特效拖曳到"时间线"面板的"视频2"轨道中的"01"文件上，如图5-113所示。

图5-112

图5-113

（12）在"特效控制台"面板中展开"笔触"特效并进行参数设置，如图5-114所示。淡彩铅笔画制作完成，如图5-115所示。

图5-114

图5-115

5.3.2 影视合成简介

合成一般用于制作效果比较复杂的影视作品，简称复合影视，它主要通过使用多个视频素材的叠加、透明及应用各种类型的键控来实现。在电视制作上，键控也常被称为"抠像"，而在电影制作中则被称为"遮罩"。Premiere Pro CS6建立叠加的效果，是在多个视频轨道中的素材实现切换之后，才将叠加轨道上的素材相互叠加的，较高层轨道的素材会叠加在较低层轨道的素材上并在监视器窗口中优先显示出来，也就意味着在其他素材上面播放。

1. 透明

使用透明叠加的原理是因为每个素材都有

一定的不透明度，在不透明度为0%时，图像完全透明；在不透明度为100%时，图像完全不透明；不透明度介于两者之间时，图像呈半透明。在Premiere Pro CS6中，将一个素材叠加在另一个素材上之后，位于轨道上面的素材能够显示其下方素材的部分图像，所利用的就是素材的不透明度。因此，通过素材不透明度的设置，可以制作透明叠加的效果，如图5-116所示。

图5-116

用户可以使用Alpha通道、蒙版或键控来定义素材透明度区域和不透明区域。用户通过设置素材的不透明度，并结合使用不同的混合模式就可以创建出绚丽多彩的影视视觉效果。

2. Alpha通道

素材的颜色信息都被保存在3个通道中，这3个通道分别是红色通道、绿色通道和蓝色通道。另外，在素材中还包含看不见的第4个通道，即Alpha通道，它用于存储素材的透明度信息。

当在"After Effects Composition"面板或者Premiere Pro CS6的监视器窗口中查看Alpha通道时，白色区域是完全不透明的，而黑色区域是完全透明的，两者之间的区域则是半透明的。

3. 蒙版

"蒙版"是一个层，用于定义层的透明区域。白色区域定义的是完全不透明的区域，黑色区域定义完全透明的区域，两者之间的区域则是半透明的，这点类似于AIpha通道。通常情况下，Alpha通道就被用作蒙版，但是使用蒙版定义素材的透明区域时要比使用AIpha通道更好，因为在很多的原始素材中不包含Alpha通道。

在TGA、TIFF、EPS和Quick Time等素材格式中

都包含Alpha通道。在使用Adobe Illustrator EPS和PDF格式的素材时，Premiere Pro会自动将空白区域转换为Alpha通道。

4. 键控

前面已经介绍过，在进行素材合成时，可以使用Alpha通道将不同的素材对象合成到一个场景中。但是在实际的工作中，能够使用Alpha通道进行合成的原始素材非常少，因为摄像机是无法产生Alpha通道的，这时使用键控（即抠像）技术就非常重要了。

键控（即抠像）使用特定的颜色值（颜色键控或者色度键控）和亮度值（亮度键控）来定义视频素材中的透明区域。当断开颜色值时，颜色值或者亮度值相同的所有像素将变为透明。

使用键控可以很容易地为一幅颜色或者亮度一致的视频素材替换背景。这一技术一般被称为"蓝屏技术"或"绿屏技术"，也就是背景色完全是蓝色或者绿色的，当然也可以是其他颜色的背景，如图5-117、图5-118和图5-119所示。

图5-117

图5-118

图5-119

5.3.3 合成视频

在非线性编辑中，每一个视频素材就是一个图层。将这些图层放置于"时间线"面板中的不同视频轨道上以不同的透明度相叠加，即可实现视频的合成效果。

1. 关于合成视频的几点说明

在进行合成视频操作之前，对叠加的使用应注意以下几点。

（1）叠加效果的产生必须是两个或者两个以上的素材。有时为了实现效果，可以创建一个字幕或者颜色蒙版文件。

（2）只能对重叠轨道上的素材应用透明叠加设置。在默认设置下，每一个新建项目都包含两个可重叠轨道——"视频2"和"视频3"轨道，当然也可以另外增加多个重叠轨道。

（3）在Premiere Pro CS6中，要叠加效果，首先合成视频主轨道上的素材（包括过渡转场效果），然后将被叠加的素材叠加到背景素材中。在叠加过程中，首先叠加较低层轨道的素材，然后再以叠加后的素材为背景来叠加较高层轨道的素材。这样在叠加完成后，最高层的素材位于画面的顶层。

（4）透明素材必须放置在其他素材之上，将想要叠加的素材放置于叠加轨道上——"视频2"或者更高的视频轨道上。

（5）背景素材可以放置在视频主轨道"视频1"或"视频2"轨道上，即较低层叠加轨道上的素材可以作为较高层叠加轨道上素材的背景。

（6）必须对位于最高层轨道上的素材进行透明设置和调整，否则其下方的所有素材均不能显示出来。

（7）叠加有两种方式：一种是混合叠加方式，另一种是淡化叠加方式。

混合叠加方式是将素材的一部分叠加到另一个素材上。因此，作为前景的素材最好具有单一的底色，并且与需要保留的部分对比鲜明。这样可以很容易将底色变为透明，再叠加到作为背景的素材上，背景就会在前景素材透明处可见，从而使前景色保留的部分看上去就像原来属于背景素材中的一部分。

淡化叠加方式通过调整整个前景的透明度，让整个前景暗淡，而背景素材逐渐显现出来，达到一种梦幻或朦胧的效果。

图5-120和图5-121所示为两种透明叠加方式的效果。

混合叠加方式

图5-120

淡化叠加方式

图5-121

2. 制作透明叠加合成效果

（1）将文件导入"项目"面板，如图5-122所示。

图5-122

（2）分别将素材"07.jpg"和"08.jpg"拖曳到"时间线"面板中的"视频1"和"视频2"轨道上，如图5-123所示。

图5-123

（3）将鼠标指针移动到"视频2"轨道的"08.jpg"素材的黄色线上，按住<Ctrl>键，当鼠标指针呈 ▲ 状时单击，创建一个关键帧，如图5-124所示。

图5-124

（4）根据步骤（3）的操作方法，在"视频2"轨道素材上创建第2个关键帧，并且用鼠标向下拖动第2个关键帧（即降低不透明度值），如图5-125所示。

图5-125

（5）按照上述步骤的操作方法在"视频2"轨道的素材上再创建4个关键帧，然后调整第3个、第5个关键帧的位置，如图5-126所示。

图5-126

（6）将时间标记 移动到轨道开始的位置，然后在"节目"监视器窗口中单击"播放-停止切换（<Space>键）"按钮 ▶/■ 预览完成效果，如图5-127、图5-128和图5-129所示。

图5-127　　　　　　　　图5-128

图5-129

5.3.4　课堂案例——抠像效果

【案例学习目标】抠出视频文件中的人物。

【案例知识要点】使用"导入"命令导入视频文件，使用"蓝屏键"特效抠出人物图像，使用"亮度与对比度"特效调整人物的亮度和对比度。抠像效果如图5-130所示。

【效果所在位置】Ch05/抠像效果/抠像效果.prproj。

图5-130

（1）启动Premiere Pro CS6软件，弹出"欢迎使用 Adobe Premiere Pro"欢迎界面，单击"新建项目"按钮 ，弹出"新建项目"对话框，设置"位置"选项，选择保存文件的路径，在"名称"文本框中输入文件名"抠像效果"，如图5-131所示。单击"确定"按钮，弹出"新建序列"对话框，在左侧的列表中展开"DV-PAL"选项，选中"标准 48kHz"模式，如图5-132所示，单击"确定"按钮完成序列的创建。

（2）选择"文件 > 导入"命令，弹出"导入"对话框，选择本书学习资源中的"Ch05/抠像效果/素材/01和02"文件，如图5-133所示，单击"打开"按钮，将视频文件导入"项目"面板，如图5-134所示。

图5-131

图5-132

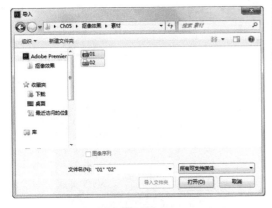

图5-133

图5-134

（3）在"项目"面板中，选中"01"文件并
将其拖曳到"时间线"面板的"视频1"轨道中，
弹出"素材不匹配警告"对话框，如图5-135所
示，单击"保持现有设置"按钮，将"01"文件
放置在"视频1"轨道中，如图5-136所示。

图5-135

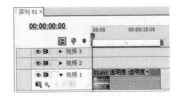

图5-136

（4）将时间标签放置在1:04s的位置，如图
5-137所示。选择"剃刀"工具，将鼠标指针放
置在时间标签所在的位置上单击，如图5-138所示，
将视频素材切割为两段。选择"选择"工具，
选择要删除的视频素材，如图5-139所示，按
Delete键将其删除，效果如图5-140所示。

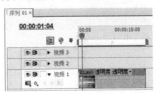

图5-137

图5-138

图5-139

图5-140

（5）将时间标签放置在0s的位置。在"项目"面板中，选中"02"文件并将其拖曳到"时间线"面板的"视频2"轨道中，如图5-141所示。在"节目"面板中预览效果，如图5-142所示。

图5-141

图5-142

（6）选择"窗口 > 效果"命令，弹出"效果"面板，展开"视频特效"分类选项，单击"键控"文件夹前面的三角形按钮▶将其展开，选中"蓝屏键"特效，如图5-143所示。将"蓝屏键"特效拖曳到"时间线"面板的"视频2"轨道中的"02"文件上，如图5-144所示。

图5-143

图5-144

（7）选择"特效控制台"面板，展开"蓝屏键"特效，将"阈值"选项设置为70%，"屏蔽度"选项设置为15%，如图5-145所示。在"节目"面板中预览效果，如图5-146所示。

图5-145

图5-146

（8）选择"效果"面板，展开"视频特效"分类选项，单击"色彩校正"文件夹前面的三角形按钮▶将其展开，选中"亮度与对比度"特效，如图5-147所示。将"亮度与对比度"特效拖曳到"时间线"面板的"视频2"轨道中的"02"文件上，如图5-148所示。

图5-147

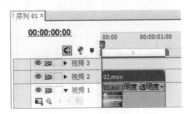

图5-148

（9）在"特效控制台"面板中展开"亮度与对比度"特效，将"亮度"选项设置为48.5，"对比度"选项设置为39.8，如图5-149所示。抠像效果制作完成，如图5-150所示。

图5-149

图5-150

5.3.5 15种抠像方式的运用

Premiere Pro CS6中自带了15种抠像特效，下面介绍各种抠像特效的使用方法。

1．16点无用信号遮罩

该特效通过16个控制点的位置来调整被叠加图像的大小。应用"16点无用信号遮罩"特效的效果如图5-151、图5-152和图5-153所示。

图5-151

图5-152

图5-153

2．4点无用信号遮罩

该特效通过4个控制点的位置来调整被叠加图像的大小。应用"4点无用信号遮罩"特效的效果如图5-154、图5-155和图5-156所示。

图5-154

图5-155

图5-156

3．8点无用信号遮罩

该特效通过8个控制点的位置来调整被叠加图像的大小。应用"8点无用信号遮罩"特效的效果如图5-157、图5-158和图5-159所示。

图5-157　　　　　　　　图5-158

图5-159

4．Alpha调整

该特效主要通过调整当前素材的Alpha通道信息（即改变Alpha通道的透明度），使当前素材与其下面的素材产生不同的叠加效果。如果当前素材不包含Alpha通道，改变的将是整个素材的透明度。应用该特效后，其参数面板如图5-160所示。

图5-160

"透明度"选项：用于调整画面的不透明度。

"忽略Alpha"选项：勾选此复选框，可以忽略Alpha通道。

"反相Alpha"选项：勾选此复选框，可以

对通道进行反向处理。

"仅蒙版"选项：勾选此复选框，可以将通道作为蒙版使用。

应用"Alpha调整"特效的效果如图5-161、图5-162和图5-163所示。

图5-161　　　　　　　　图5-162

图5-163

5．RGB差异键

该特效与"亮度键"特效基本相同，可以将某个颜色或者颜色范围内的区域变为透明。应用"RGB差异键"特效的效果如图5-164、图5-165和图5-166所示。

图5-164　　　　　　　　图5-165

图5-166

6．亮度键

运用该特效可以将被叠加图像的灰色值

设置为透明，而且保持色度不变。该特效对明暗对比十分强烈的图像十分有用。应用"亮度键"特效的效果如图5-167、图5-168和图5-169所示。

图5-167　　　　　　　　图5-168

图5-169

7. 图像遮罩键

运用该特效，将使用相邻轨道上的素材作为被叠加的底纹背景素材，相对于底纹而言，前面的画面中白色区域是不透明的，背景画面的相关部分不能显示出来，黑色区域是透明的，灰色区域则为部分透明。如果想保持前面的色彩，那么作为底纹的图像建议选用灰度图像。应用"图像遮罩键"特效的效果如图5-170和图5-171所示。

图5-170　　　　　　　　图5-171

8. 差异遮罩

该特效可以叠加两个图像相互不同部分的纹理，保留对方的纹理颜色。应用"差异遮罩"特效的效果如图5-172、图5-173和图5-174所示。

图5-172　　　　　　　　图5-173

图5-174

9. 移除遮罩

该特效可以将原有的遮罩移除，如将画面中的白色区域或黑色区域进行移除。图5-175所示为"移除遮罩"特效的设置。

图5-175

10. 极致键

该特效通过指定某种颜色，在选项中调整容差值等参数来显示素材的透明效果。应用"极致键"特效的效果如图5-176、图5-177和图5-178所示。

图5-176　　　　　　　　图5-177

图5-178

11. 色度键

运用该特效，可以将图像上的某种颜色及相似范围的颜色设为透明，从而显示后面的图像。该特效适用于纯色背景的图像。在"特效控制台"面板中选择吸管工具 ✍ ，在项目监视器窗口中需要抠去的颜色上单击选取颜色，然后调节各项参数，观察抠像效果，如图5-179所示。

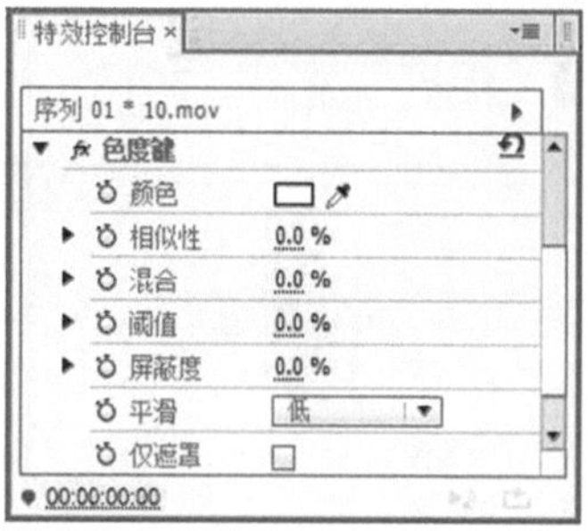

图5-179

"相似性"选项：用于设置所选取颜色的容差度。

"混合"选项：用于设置透明与非透明边界色彩的混合程度。

"阈值"选项：用于设置素材中蓝色背景的透明度。向左拖动滑块将增加素材透明度，该选项数值为0时，蓝色将完全透明。

"屏蔽度"选项：用于设置前景色与背景色的对比度。

"平滑"选项：用于调整抠像后素材边缘的平滑程度。

"仅遮罩"选项：勾选此复选框，将只显示

抠像后素材的Alpha通道。

应用"色度键"特效的效果如图5-180、图5-181和图5-182所示。

图5-180　　　　　　　图5-181

图5-182

12. 蓝屏键

该特效又称"抠蓝"，用于在画面上进行蓝色叠加。应用该特效后，其参数面板如图5-183所示。

图5-183

"阈值"选项：用于调整被添加的蓝色背景的透明度。

"屏蔽度"选项：用于调节前景图像的对比度。

"平滑"选项：用于调节图像的平滑度。

"仅蒙版"选项：勾选此复选框，前景仅作为蒙版使用。

应用"蓝屏键"特效的效果如图5-184、图5-185和图5-186所示。

图5-184

图5-190

图5-185

图5-191

图5-186

图5-192

13. 轨道遮罩键

该特效将遮罩层进行适当比例的缩小，并显示在原图层上。应用"轨道遮罩键"特效的效果如图5-187、图5-188和图5-189所示。

15. 颜色键

使用"颜色键"特效可以根据指定的颜色将素材中像素值相同的颜色设置为透明。该特效与"色度键"特效类似，同样是在素材中选择一种颜色或一个颜色范围并将它们设置为透明，但"颜色键"特效可以单独调节素材像素颜色和灰度值，而"色度键"特效则可以同时调节这些内容。应用"颜色键"特效的效果如图5-193、图5-194和图5-195所示。

图5-187

图5-188

图5-193

图5-194

图5-189

14. 非红色键

该特效可以叠加具有蓝色背景的素材，并使这类背景产生透明效果。应用"非红色键"特效的效果如图5-190、图5-191和图5-192所示。

图5-195

【练习知识要点】使用"分色"命令制作图片去色和动画效果。单色保留效果如图5-196所示。

【效果所在位置】Ch05/单色保留/单色保留.prproj。

图5-196

【习题知识要点】使用"缩放比例"选项缩放视频的大小,使用"裁剪"命令裁剪视频的长度,使用"透明度"选项和关键帧制作透明度动画效果。唯美空间效果如图5-197所示。

【效果所在位置】Ch05/唯美空间/唯美空间.prproj。

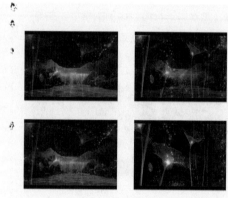

图5-197

第 *6* 章

字幕与字幕特技

本章介绍

　　本章主要介绍字幕的制作方法，并对字幕的创建、保存、字幕窗口中的各项功能及使用方法进行详细的介绍。通过对本章的学习，读者将掌握编辑字幕的操作技巧。

学习目标

◆ 熟悉"字幕"编辑面板概述。
◆ 了解创建字幕文字对象的方法。
◆ 熟悉编辑与修饰字幕文字的方法。
◆ 掌握插入标志的方法。
◆ 了解创建运动字幕的方法。

技能目标

◆ 掌握"化妆品广告"的制作方法。
◆ 掌握"美食广告"的制作方法。

6.1 "字幕"编辑面板概述

Premiere Pro CS6提供了一个专门用来创建及编辑字幕的"字幕"编辑面板,如图6-1所示,所有文字编辑及处理都是在该面板中完成的。其功能非常强大,不仅可以创建各种各样的文字效果,而且能够绘制各种图形,这为用户的文字编辑工作提供了很大的方便。

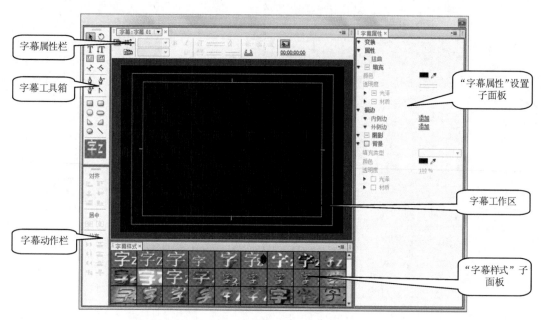

图6-1

Premiere Pro CS6的"字幕"面板主要由字幕属性栏、字幕工具箱、字幕动作栏、"字幕属性"设置子面板、字幕工作区和"字幕样式"子面板6个部分组成。

6.1.1 字幕属性栏

字幕属性栏主要用于设置字幕的运动类型、字体、加粗、斜体、下划线等,如图6-2所示。

图6-2

"基于当前字幕新建"按钮 : 单击该按钮,将弹出如图6-3所示的对话框,在该对话框中可以为字幕文件重新命名。

"滚动/游动选项"按钮 : 单击该按钮,将弹出"滚动/游动选项"对话框,如图6-4所示,在该对话框中可以设置字幕的运动类型。

图6-3

图6-4

"字体"列表▪ _____ ▼: 在此下拉列表中可以选择字体。

"字体样式"列表 Regular ▼: 在此下拉列表中可以设置字形。

"粗体"按钮 B: 单击该按钮, 可以将当前选中的文字加粗。

"斜体"按钮 I: 单击该按钮, 可以将当前选中的文字倾斜。

"下划线"按钮 U: 单击该按钮, 可以为文字设置下划线。

"左对齐"按钮 ▤: 单击该按钮, 将所选对象进行左边对齐。

"居中"按钮 ▥: 单击该按钮, 将所选对象进行居中对齐。

"右对齐"按钮 ▤: 单击该按钮, 将所选对象进行右边对齐。

"制表符设置"按钮 ▦: 单击该按钮, 将弹出如图6-5所示的对话框, 该对话框中各个按钮的主要功能如下。

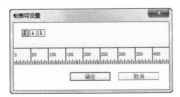

图6-5

(1)**"左对齐制表符"按钮** ↓: 字符的最左侧都在此处对齐。

(2)**"居中对齐制表符"按钮** ↓: 字符一分为二, 字符串的中间位置就是这个制表符的位置。

(3)**"右对齐制表符"按钮** ↓: 字符的最右侧都在此处对齐。

对话框中为添加制表符的区域, 可以通过单击刻度尺上方的浅灰色区域来添加制表符。

"显示背景视频"按钮 ▣: 显示当前时间指针所处的位置, 可以在时间码的位置输入一个有效的时间值, 调整当前显示画面。

6.1.2 字幕工具箱

字幕工具箱提供了一些制作文字与图形的常用工具, 如图6-6所示。利用这些工具, 可以为影片添加标题及文本、绘制几何图形、定义文本样式等。

图6-6

"选择"工具 ▸: 用于选择某个对象或文字。选中某个对象后, 在对象的周围会出现带有8个控制手柄的矩形, 拖曳控制手柄可以调整对象的大小和位置。

"旋转"工具 ↻: 用于对所选对象进行旋转操作。使用旋转工具时, 必须先使用选择工具选中对象, 然后再使用旋转工具, 单击并按住鼠标拖曳即可旋转对象。

"输入"工具 T: 使用该工具, 在字幕工作区中单击时, 出现文字输入光标, 在光标闪烁的位置可以输入文字。另外, 使用该工具也可以对输入的文字进行修改。

"垂直文字"工具 IT: 使用该工具可以在字幕工作区中输入垂直文字。

"区域文字"工具 ▦: 单击该按钮, 在字幕工作区中可以拖曳出文本框。

"垂直区域文字"工具 ▦: 单击该按钮, 可在字幕工作区中拖曳出垂直文本框。

"路径文字"工具 ↗: 使用该工具可先绘制一条路径, 然后输入文字, 且输入的文字平行于路径。

"垂直路径文字"工具 ↘: 使用该工具可先绘制一条路径, 然后输入文字, 且输入的文字垂直于路径。

"钢笔"工具 ✎: 用于创建路径或调整使用

平行或垂直路径工具所输入文字的路径。将钢笔工具置于路径的定位点或手柄上，可以调整定位点的位置和路径的形状。

"删除定位点"工具：用于在已创建的路径上删除定位点。

"添加定位点"工具：用于在已创建的路径上添加定位点。

"转换定位点"工具：用于调整路径的形状，将平滑定位点转换为角定位点，或将定位点转换为平滑定位点。

"矩形"工具：使用该工具可以绘制矩形。

"圆角矩形"工具：使用该工具可以绘制圆角矩形。

"切角矩形"工具：使用该工具可以绘制切角矩形。

"圆矩形"工具：使用该工具可以绘制圆矩形。

"楔形"工具：使用该工具可以绘制三角形。

"弧形"工具：使用该工具可以绘制圆弧，即扇形。

"椭圆形"工具：使用该工具可以绘制椭圆形。

"直线"工具：使用该工具可以绘制直线。

图6-7所示为使用各个图形绘制工具绘制的图形效果。

> **提示**
>
> 在绘制图形时，可以根据需要结合使用<Shift>键，这样可以快捷地绘制出需要的图形。例如，使用矩形工具，按住<Shift>键可以绘制正方形；使用椭圆工具，按住<Shift>键可以绘制圆形。

在绘制的图形上单击鼠标右键，将弹出如图6-8所示的快捷菜单，在"图形类型"子菜单中单

击相应的命令，即可在各种图形之间转换，甚至可以将不规则的图形转换成规则的图形。

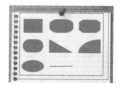

图6-7

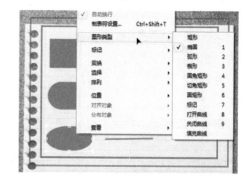

图6-8

6.1.3 字幕动作栏

字幕动作栏中的各个按钮主要用于快速地排列或者分布文字，如图6-9所示。

图6-9

"水平靠左"按钮：以选中的文字或图形左垂直线为基准对齐。

"垂直靠上"按钮：以选中的文字或图形顶部水平线为基准对齐。

"水平居中"按钮：以选中的文字或图形垂直中心线为基准对齐。

"垂直居中"按钮：以选中的文字或图形水平中心线为基准对齐。

"水平靠右"按钮：以选中的文字或图形

右垂直线为基准对齐。

"垂直靠下"按钮▣：以选中的文字或图形底部水平线为基准对齐。

"垂直居中"按钮▣：使选中的文字或图形在屏幕上垂直居中。

"水平居中"按钮▣：使选中的文字或图形在屏幕上水平居中。

"水平靠左"按钮▣：以选中的文字或图形的左垂直线来分布文字或图形。

"垂直靠上"按钮▣：以选中的文字或图形的顶部线来分布文字或图形。

"水平居中"按钮▣：以选中的文字或图形的垂直中心来分布文字或图形。

"垂直居中"按钮▣：以选中的文字或图形的水平中心来分布文字或图形。

"水平靠右"按钮▣：以选中的文字或图形的右垂直线来分布文字或图形。

"垂直靠下"按钮▣：以选中的文字或图形的底部线来分布文字或图形。

"水平等距间隔"按钮▣：以屏幕的垂直中心线来分布文字或图形。

"垂直等距间隔"按钮▣：以屏幕的水平中心线来分布文字或图形。

6.1.4　字幕工作区

字幕工作区是制作字幕和绘制图形的工作区，它位于"字幕"编辑面板的中心，在工作区中有两个白色的矩形线框，其中内线框是字幕安全框，外线框是字幕动作安全框。如果文字或者图像放置在动作安全框之外，那么一些NTSC制式的电视中这部分内容将不会被显示出来，即使能够显示，也很可能会出现模糊或者变形现象。因此，在创建字幕时最好将文字和图像放置在安全框之内。

如果字幕工作区中没有显示安全区域线框，可以通过以下两种方法显示安全区域线框。

（1）在字幕工作区中单击鼠标右键，在弹出的快捷菜单中选择"查看 > 字幕安全框"命令即可。

（2）选择"字幕>查看>字幕安全框"命令。

6.1.5　"字幕样式"子面板

在Premiere Pro CS6中，使用"字幕样式"子面板可以制作出令人满意的字幕效果。"字幕样式"子面板位于"字幕"编辑面板的中下部，其中包含了各种已经设置好的文字效果和多种字体效果，如图6-10所示。

图6-10

如果要为一个对象应用预设的风格效果，只需选中该对象，然后在"字幕样式"子面板中单击要应用的风格效果即可，如图6-11和图6-12所示。

图6-11

图6-12

6.1.6　"字幕属性"设置子面板

在字幕工作区中输入文字后，可在位于"字幕"编辑面板右侧的"字幕属性"设置子面板中设置文字的具体属性参数，如图6-13所示。"字幕属性"设置子面板分为6个部分，分别为"变换""属性""填充""描边""阴影""背景"，各个部分的主要作用如下。

图6-13

"变换"选项：可以设置对象的位置、高度、宽度、旋转角度及透明度等相关属性。

"属性"选项：可以设置对象的一些基本属性，如文本的大小、字体、字间距、行间距、字形等相关属性。

"填充"选项：可以设置文本或者图形对象的颜色和纹理。

"描边"选项：可以设置文本或者图形对象的边缘，使边缘与文本或者图形主体呈现不同的颜色。

"阴影"选项：可以为文本或者图形对象设置各种阴影属性。

"背景"选项：设置字幕的背景色及背景色的各种属性。

6.2　创建字幕文字对象

利用字幕工具箱中的各种文字工具，用户可以非常方便地创建出水平排列或垂直排列的文字，也可以创建出沿路径行走的文字，以及水平或者垂直段落文字。

6.2.1　课堂案例——化妆品广告

【案例学习目标】输入水平文字。

【案例知识要点】使用"导入"命令导入素材文件，使用"字幕"命令创建字幕，使用"球面化"特效制作文字动画效果。化妆品广告效果如图6-14所示。

【效果所在位置】Ch06/化妆品广告/化妆品广告.prproj。

图6-14

1．导入素材并创建字幕

（1）启动Premiere Pro CS6软件，弹出"欢迎使用 Adobe Premiere Pro"欢迎界面，单击"新建项目"按钮🔳，弹出"新建项目"对话框，设置"位置"选项，选择保存文件的路径，在"名称"文本框中输入文件名"化妆品广告"，如图6-15所示。单击"确定"按钮，弹出"新建序列"对话框，在左侧的列表中展开"DV-PAL"选项，选中"标准 48kHz"模式，如图6-16所示，单击"确定"按钮完成序列的创建。

图6-15

图6-16

（2）选择"文件 > 导入"命令，弹出"导入"对话框，选择本书学习资源中的"Ch06/化妆品广告/素材/01"文件，如图6-17所示，单击"打开"按钮，将素材文件导入"项目"面板，

如图6-18所示。

图6-17

图6-18

（3）在"项目"面板中，选中"01"文件并将其拖曳到"时间线"面板的"视频1"轨道中，如图6-19所示。选择"文件 > 新建 > 字幕"命令，弹出"新建字幕"对话框，如图6-20所示，单击"确定"按钮。弹出字幕编辑面板，选择"输入"工具，在字幕工作区中输入"丽雅美白霜"，在"字幕属性"子面板中选择需要的字体并填充需要的颜色，如图6-21所示。关闭字幕编辑面板，新建的字幕文件自动保存到"项目"面板中。

图6-19

图6-20

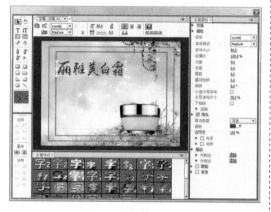

图6-21

（4）按Ctrl+T组合键，弹出"新建字幕"对话框，单击"确定"按钮。弹出字幕编辑面板，选择"路径文字"工具，在字幕编辑区域中绘制一条曲线，如图6-22所示，在"字幕属性"子面板中选择需要的字体并填充需要的颜色，选择"路径文字"工具，在路径上单击插入光标，输入需要的文字，如图6-23所示。

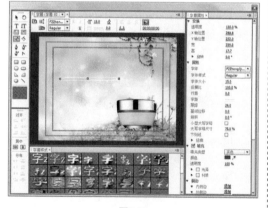

图6-22

图6-23

（5）关闭字幕编辑面板，新建的字幕文件自动保存到"项目"面板中，如图6-24所示。用相同的方法创建其他字幕，如图6-25所示。

图6-24

图6-25

2．制作文字动画

（1）在"项目"面板中，选中"字幕01"文件并将其拖曳到"时间线"面板的"视频2"

轨道中，如图6-26所示。选择"窗口 > 效果"命令，弹出"效果"面板，展开"视频特效"分类选项，单击"扭曲"文件夹前面的三角形按钮▶将其展开，选中"球面化"特效，如图6-27所示。将"球面化"特效拖曳到"时间线"面板的"视频2"轨道中的"字幕01"文件上，如图6-28所示。

图6-26

图6-27

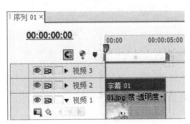

图6-28

（2）选择"特效控制台"面板，展开"球面化"特效，将"球面中心"选项设置为100和288，分别单击"半径"和"球面中心"选项左侧的"切换动画"按钮，如图6-29所示，记录第1个动画关键帧。将时间标签放置在1s的位置，在"特效控制台"面板中将"半径"选项设置为250，"球面中心"选项设置为150和288，如图6-30所示，记录第2个动画关键帧。

图6-29

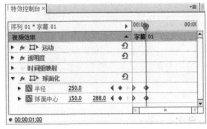

图6-30

（3）将时间标签放置在2s的位置，在"特效控制台"面板中将"球面中心"选项设置为500和288，单击"半径"选项右侧的"添加/移除关键帧"按钮，如图6-31所示，记录第3个动画关键帧。将时间标签放置在3s的位置，在"特效控制台"面板中将"半径"选项设置为0，"球面中心"选项设置为600和288，如图6-32所示，记录第4个动画关键帧。

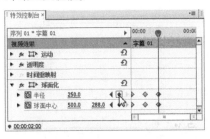

图6-31

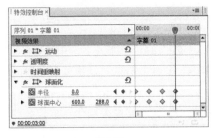

图6-32

（4）将时间标签放置在0s的位置，在"项目"面板中，选中"字幕02"文件并将其拖曳到"时间线"面板的"视频3"轨道中，如图6-33所示。选择"序列＞添加轨道"命令，在弹出的"添加视音轨"对话框中进行设置，如图6-34所示，单击"确定"按钮，在"时间线"面板中添加2条视频轨道，如图6-35所示。

图6-33

图6-34

图6-35

（5）在"项目"面板中，选中"字幕03"和"字幕04"文件并分别将其拖曳到"时间线"面板的"视频4"轨道和"视频5"轨道中，如图6-36所示。化妆品广告制作完成，如图6-37所示。

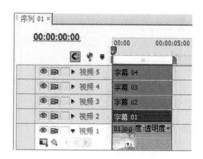

图6-36

图6-37

6.2.2　创建水平或垂直排列文字

打开"字幕"编辑面板后，可以根据需要，利用字幕工具箱中的"输入"工具 T 和"垂直文字"工具 IT 创建水平排列或者垂直排列的字幕文字，其具体操作步骤如下。

（1）在字幕工具箱中选择"输入"工具 T 或"垂直文字"工具 IT 。

（2）在"字幕"编辑面板的字幕工作区中单击并输入文字，如图6-38和图6-39所示。

图6-38

图6-39

6.2.3　创建路径文字

利用字幕工具箱中的平行或者垂直路径工具可以创建路径文字，具体操作步骤如下。

（1）在字幕工具箱中选择"路径文字"工具 或"垂直路径文字"工具 。

（2）将鼠标指针移动到"字幕"编辑面板的字幕工作区中，此时，鼠标指针变为钢笔状，然后在需要输入的位置单击。

（3）将鼠标移动到另一个位置再次单击，此时会出现一条曲线，即文本路径。

（4）选择文字输入工具（任何一种都可以），在路径上单击并输入文字，如图6-40和图6-41所示。

图6-40　　　　　　　　图6-41

6.2.4　创建段落字幕文字

利用字幕工具箱中的文本框工具或垂直文本框工具可以创建段落文本，其具体操作步骤如下。

（1）在字幕工具箱中选择"区域文字"工具 或"垂直区域文字"工具 。

（2）将鼠标指针移动到"字幕"编辑面板的字幕工作区中，单击鼠标并按住左键不放，从左上角向右下角拖曳出一个矩形框，然后输入文字，效果如图6-42和图6-43所示。

图6-42　　　　　　　　图6-43

6.3　编辑与修饰字幕文字

字幕创建完成以后，接下来还需要对字幕进行相应的编辑和修饰，下面进行详细介绍。

6.3.1　课堂案例——童话世界

【案例学习目标】输入并编辑水平文字。

【案例知识要点】使用"字幕"命令和"字幕属性"面板创建和编辑文字。童话世界效果如图6-44所示。

【效果所在位置】Ch06/童话世界/童话世界.prproj。

图6-44

（1）启动Premiere Pro CS6软件，弹出"欢迎使用 Adobe Premiere Pro"欢迎界面，单击"新建项目"按钮 ，弹出"新建项目"对话框，设置"位置"选项，选择保存文件的路径，在"名称"文本框中输入文件名"童话世界"，如

图6-45所示。单击"确定"按钮，弹出"新建序列"对话框，在左侧的列表中展开"DV-PAL"选项，选中"标准48kHz"模式，如图6-46所示，单击"确定"按钮完成序列的创建。

图6-45

图6-46

（2）选择"文件 > 导入"命令，弹出"导入"对话框，选择本书学习资源中的"Ch06/童话世界/素材/01"文件，单击"打开"按钮，导入视频文件，如图6-47所示。导入后的文件排列在"项目"面板中，如图6-48所示。

图6-47

图6-48

（3）在"项目"面板中选中"01"文件并将其拖曳到"时间轴"窗口的"视频1"轨道中，如图6-49所示。选择"文件 > 新建 > 字幕"命令，弹出"新建字幕"对话框，如图6-50所示。单击"确定"按钮，弹出字幕编辑器面板。选择"输入"工具 T，在字幕工作区中输入需要的文字，在字幕属性栏中设置适当的字体、大小和字距，如图6-51所示。

图6-49

图6-50

图6-51

（4）在"字幕属性"面板中展开"填充"
选项，设置"填充类型"选项为"放射渐变"，
在"颜色"选项中设置左侧的颜色块为橙色（其
R、G、B的值分别为230、120、2），右侧的颜
色块为紫色（其R、G、B的值分别为147、0、
160），其他设置如图6-52所示。字幕窗口中的效
果如图6-53所示。

图6-52

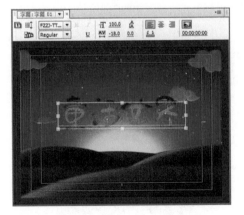

图6-53

（5）在"字幕属性"面板中展开"描边"选
项，单击"外侧边"右侧的"添加"属性设置，

将"颜色"选项设置为白色，其他设置如图6-54
所示。字幕窗口中的效果如图6-55所示。

图6-54

图6-55

（6）选择"文件 > 新建 > 字幕"命令，弹
出"新建字幕"对话框，如图6-56所示。单击
"确定"按钮，弹出字幕编辑器面板。选择"输
入"工具 T，在字幕工作区中输入需要的文字，
在字幕属性栏中设置适当的字体、大小和字距，
在"字幕属性"面板中将"颜色"选项设置为橙
色（其R、G、B的值分别为230、120、2），如图
6-57所示。

图6-56

图6-57

（7）在"字幕属性"面板中展开"描边"选项，单击"外侧边"右侧的"添加"属性设置，将"颜色"选项设置为白色，其他设置如图6-58所示。字幕窗口中的效果如图6-59所示。

图6-58

图6-59

（8）在"项目"面板中选中"字幕01"文件并将其拖曳到"时间轴"窗口的"视频2"轨

道中，如图6-60所示。在"视频2"轨道上选中"字幕01"文件，将鼠标指针放在"字幕01"文件的结束位置，当鼠标指针呈◄状时，向后拖曳光标到与"01"文件结尾相等的位置上，如图6-61所示。

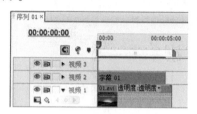

图6-60

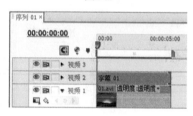

图6-61

（9）在"项目"面板中选中"字幕02"文件并将其拖曳到"时间轴"窗口的"视频3"轨道中。在"视频3"轨道上选中"字幕02"文件，将鼠标指针放在"字幕02"文件的结束位置，当鼠标指针呈◄状时，向后拖曳光标到与"01"文件结尾相等的位置上，如图6-62所示。童话世界制作完成，如图6-63所示。

图6-62

图6-63

6.3.2 编辑字幕文字

1. 文字对象的选择与移动

（1）选择"选择"工具，将鼠标指针移动至字幕工作区，单击要选择的字幕文本即可将其选中，此时在字幕文字的四周将出现带有8个控制点的矩形框，如图6-64所示。

（2）在字幕文字处于选中的状态下，将鼠标指针移动至矩形框内，单击鼠标并按住左键不放进行拖曳即可实现文字对象的移动，如图6-65所示。

图6-64

图6-65

2. 文字对象的缩放和旋转

（1）选择"选择"工具，单击文字对象将其选中。

（2）将鼠标指针移至矩形框的任意一个点，当鼠标指针呈 、 或 状时，单击并按住鼠标右键拖曳即可实现缩放。如果按住<Shift>键的同时拖曳鼠标，可以等比例缩放，如图6-66所示。

图6-66

（3）在文字处于选中的情况下选择"旋转"工具，将鼠标指针移动至工作区，单击鼠标并按住左键拖曳即可实现旋转操作，如图6-67所示。

图6-67

3. 改变文字对象的方向

（1）选择"选择"工具，单击文字对象将其选中。

（2）选择"字幕 > 方向 > 垂直"命令，即可改变文字对象的排列方向，如图6-68和图6-69所示。

图6-68

图6-69

6.3.3 设置字幕属性

通过"字幕属性"子面板，用户可以非常方便地对字幕文字进行修饰，包括调整其位置、透明度、文字的字体、字号、颜色和为文字添加阴影等。

1. 变换设置

在"字幕属性"子面板的"变换"栏中可以对字幕文字或图形的透明度、位置、高度、宽度及旋转等属性进行操作，如图6-70所示。

▼ 变换
透明度 100.0 %
X轴位置 100.0
Y轴位置 100.0
宽 100.0
高 100.0
▶ 旋转 0.0 °

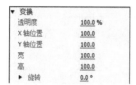

图6-70

"透明度"选项：设置字幕文字或图形对象的不透明度。

"X轴位置"/"Y轴位置"选项：设置文字在画面中所处的位置。

"宽"/"高"选项：设置文字的宽度/高度。

"旋转"选项：设置文字旋转的角度。

2. 属性设置

在"字幕属性"子面板的"属性"栏中可以对字幕文字的字体、字体的尺寸、外观及字距、扭曲等一些基本属性进行设置，如图6-71所示。

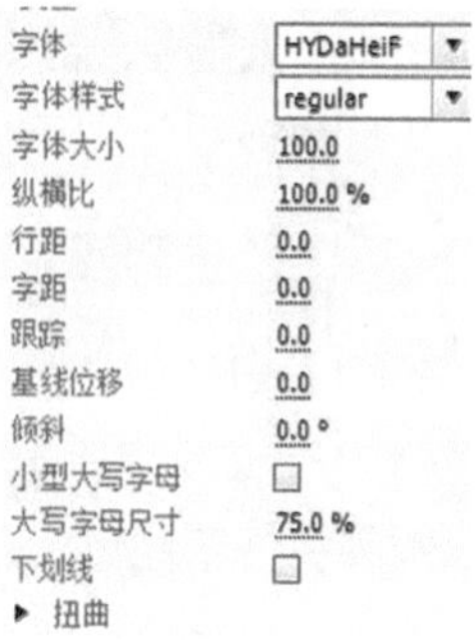

字体 HYDaHeiF
字体样式 regular
字体大小 100.0
纵横比 100.0 %
行距 0.0
字距 0.0
跟踪 0.0
基线位移 0.0
倾斜 0.0 °
小型大写字母
大写字母尺寸 75.0 %
下划线
▶ 扭曲

图6-71

"字体"选项：在此选项右侧的下拉列表中可以选择字体。

"字体样式"选项：在此选项右侧的下拉列表中可以设置字体类型。

"字体大小"选项：设置文字的大小。

"纵横比"选项：设置文字在水平方向上进行比例缩放。

"行距"选项：设置文字的行间距。

"字距"选项：设置相邻文字之间的水平距离。

"跟踪"选项：其功能与"字距"类似，两者的区别是："字距"选项会保持选择的多个字符的位置不变，向右平均分配字符间距，而"跟踪"选项会平均分配所选择的每一个相邻字符的位置。

"基线位移"选项：设置文字偏离水平中心线的距离，主要用于创建文字的上标和下标。

"倾斜"选项：设置文字的倾斜程度。

"小型大写字母"选项：勾选该复选框，可以将所选的小写字母变成大写字母。

"大写字母尺寸"选项：该选项配合"大写字母"选项使用，可以将显示的大写字母放大或缩小。

"下划线"选项：勾选此复选框，可以为文字添加下划线。

"扭曲"选项：用于设置文字在水平或垂直方向的变形。

3. 填充设置

在"字幕属性"子面板的"填充"栏中主要用于设置字幕文字或者图形的填充类型、色彩和透明度等属性，如图6-72所示。

▼ 填充
填充类型 实色
颜色
透明度 100 %
▶ 光泽
▶ 材质

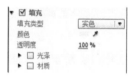

图6-72

"填充类型"选项：单击该选项右侧的下拉按钮，在弹出的下拉列表中可以选择需要填充的类型，共有7种方式供选择。

（1）"实色"：使用一种颜色进行填充，这是系统默认的填充方式。

（2）"线性渐变"：使用两种颜色进行线性渐变填充。当选择该选项进行填充时，"颜色"选项变为渐变颜色栏，分别单击选择一个颜色块，再单击"色彩到色彩"选项颜色块，在弹出的对话框中对渐变开始和渐变结束的颜色进行设置。

（3）"放射渐变"：该填充方式与"线性渐变"类似，不同之处是"线性渐变"使用两

种颜色的线性过渡进行填充，而"放射渐变"则使用两种颜色填充后产生由中心向四周辐射的过渡。

（4）"4色渐变"：该填充方式使用4种颜色的渐变过渡来填充字幕文字或者图形，每种颜色占据文本的一个角。

（5）"斜面"：该填充方式使用一种颜色填充高光部分，另一种颜色填充阴影部分，再通过添加灯光应用使文字产生斜面，效果类似于立体浮雕。

（6）"消除"：该填充方式是将文字的实体填充的颜色消除，文字为完全透明。如果为文字添加了描边，采用该方式填充，则可以制作空心的线框文字效果；如果为文字设置了阴影，选择该方式，则只能留下阴影的边框。

（7）"残像"：该填充方式使填充区域变为透明，只显示阴影部分。

"光泽"：该选项用于为文字添加辉光效果。

"材质"：使用该选项可以为字幕文字或者图形添加纹理效果，以增强文字或者图形的表现力。纹理填充的图像可以是位图，也可以是矢量图。

4．描边设置

"描边"栏主要用于设置文字或者图形的描边效果，可以设置内部笔画和外部笔画，如图6-73所示。

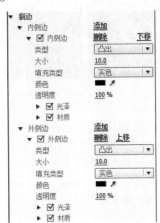

图6-73

用户可以选择使用"内侧边"或"外侧边"，或者两者一起使用。应用描边效果，首先单击"添加"选项，添加需要的描边效果。两种描边效果的参数选项基本相同。

应用描边效果后，可以在"类型"下拉列表中选择描边模式。

"深度"选项：选择该选项后，可以在"大小"参数选项中设置边缘的宽度，在"颜色"参数中设定边缘的颜色，在"透明度"参数选项中设置描边的不透明度，在"填充类型"下拉列表中选择描边的填充方式。

"凸出"选项：选择该选项，可以使字幕文字或图形产生一个厚度，呈现立体字的效果。

"凹进"选项：选择该选项，可以使字幕文字或图形产生一个分离的面，类似于产生透视的投影。

5．阴影设置

"阴影"栏用于添加阴影效果，如图6-74所示。

图6-74

"颜色"选项：设置阴影的颜色。单击该选项右侧的颜色块，在弹出的对话框中可以选择需要的颜色。

"透明度"选项：设置阴影的不透明度。

"角度"选项：设置阴影的角度。

"距离"选项：设置文字与阴影之间的距离。

"大小"选项：设置阴影的大小。

"扩散"选项：设置阴影的扩展程度。

6.4 插入标志

在影视制作过程中，有时需要在影视作品中插入一些特定的标志，Premiere Pro CS6也提供了这种功能。在Premiere Pro CS6中插入标志有两种方法，下面简要地介绍插入标志的操作方法。

6.4.1 将标志导入"字幕"编辑面板

将标志导入"字幕"编辑面板的具体操作步骤如下。

（1）新建一个字幕文件。

（2）选择"字幕 > 标记 > 插入标记"命令，在弹出的对话框中选择需要的图标。

（3）单击"打开"按钮，即可将所选的图像导入字幕工作区，如图6-75所示。

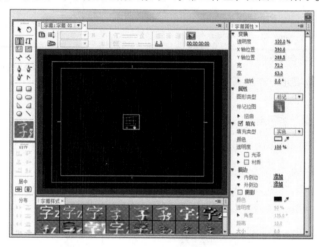

图6-75

6.4.2 将标志插入字幕文本

将标志插入字幕文本的具体操作步骤如下。

（1）按<F9>键，新建一个字幕文件。

（2）选择"输入"工具 T ，在字幕工作区中单击并输入需要的文本，同时设置文字的字体、颜色等属性，效果如图6-76所示。

（3）将鼠标指针置于要插入标志处并单击鼠标右键，在弹出的快捷菜单中选择"标记 > 插入标记到文字"命令，在弹出的对话框中选择要插入的标志文件，单击"打开"按钮，即可将所选的图像插入文本，效果如图6-77所示。

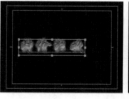

图6-76

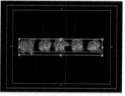

图6-77

> 🔍 **提示**
>
> 在对字幕文本进行调整修改的同时，也会影响插入的标志，如果不希望影响标志，或者需要单独对标志进行修改，可以使用文本工具对对象进行修改。

6.5 创建运动字幕

在观看电影时，经常会看到影片的开头和结尾都有滚动文字，显示导演与演员的姓名等，或是影片中出现人物对白的文字。这些文字可以通过使用视频编辑软件添加到视频画面中。Premiere Pro CS6中提供了垂直滚动和水平滚动字幕效果。

6.5.1 制作垂直滚动字幕

制作垂直滚动字幕的具体操作步骤如下。

（1）启动Premiere Pro CS6，在"项目"面板中导入素材并将素材添加到"时间线"面板中的视频轨道上。选择"字幕 > 新建字幕 > 默认静态字幕"命令，在弹出的"新建字幕"对话框中设置字幕的名称，单击"确定"按钮，打开"字幕"编辑面板。

（2）选择"输入"工具 T，在字幕工作区中单击并按住鼠标拖曳出一个文字输入的范围框，然后输入文字内容并对文字属性进行相应的设置，效果如图6-78所示。

图6-78

（3）单击"滚动/游动选项"按钮 ，在弹出的对话框中选中"滚动"单选项，在"时间（帧）"栏中勾选"开始于屏幕外"和"结束于屏幕外"复选框，其他参数的设置如图6-79所示。

（4）单击"确定"按钮，再单击面板右上角的"关闭"按钮，关闭字幕编辑面板，返回到Premiere Pro CS6的工作界面，制作的字符将会自动保存在"项目"面板中。从"项目"面板中将

新建的字幕添加到"时间线"面板的"视频2"轨道上，并将其调整为与轨道1中的素材等长，如图6-80所示。

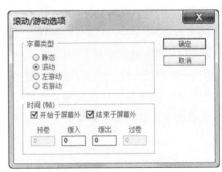

图6-79

图6-80

（5）单击"节目"监视器窗口下方的"播放-停止切换"按钮 ▶/■，即可预览字幕的垂直滚动效果，如图6-81和图6-82所示。

图6-81

图6-82

6.5.2　制作横向滚动字幕

制作横向滚动字幕与制作垂直滚动字幕的操作基本相同，其具体操作步骤如下。

（1）启动Premiere Pro CS6，在"项目"面板中导入素材并将素材添加到"时间线"面板中的视频轨道上，然后创建一个字幕文件。选择"输入"工具 T，在字幕工作区中输入需要的文字并对文字属性进行相应的设置，效果如图6-83所示。

图6-83

（2）单击"滚动/游动选项"按钮，在弹出的对话框中选中"右游动"单选项，在"时间（帧）"栏中勾选"开始于屏幕外"和"结束于屏幕外"复选框，其他参数的设置如图6-84所示。

图6-84

（3）单击"确定"按钮，再次单击面板右上角的"关闭"按钮，关闭字幕编辑面板，返回到Premiere Pro CS6的工作界面，此时制作的字符将会自动保存在"项目"面板中。从"项目"面板中将新建的字幕添加到"时间线"面板的"视频2"轨道上，如图6-85所示。

图6-85

（4）单击"节目"监视器窗口下方的"播放-停止切换"按钮 ▶/■，即可预览字幕的横向滚动效果，如图6-86和图6-87所示。

图6-86

图6-87

课堂练习——节目片头

【练习知识要点】使用"缩放比例"选项改变图像的大小，使用"字幕"命令创建字幕，使用"位置"选项和"透明度"选项制作文字动画效果。节目片头效果如图6-88所示。

【效果所在位置】Ch06/节目片头/节目片头.prproj。

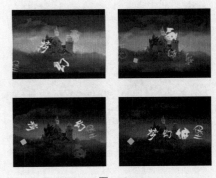

图6-88

课后习题——滚动字幕

【习题知识要点】使用"导入"命令导入素材文件，使用"字幕"命令创建字幕，使用"滚动/游动选项"按钮制作滚动文字效果。滚动字幕效果如图6-89所示。

【效果所在位置】Ch06/滚动字幕/滚动字幕.prproj。

图6-89

第 7 章

加入音频效果

本章介绍

本章对音频及音频特效的应用与编辑进行介绍，重点讲解调音台、制作录音效果及添加音频特效等操作。通过对本章内容的学习，读者应掌握Premiere Pro CS6的声音特效制作。

学习目标

◆ 了解音频效果的应用方法。

◆ 掌握使用调音台调节音频的方法。

◆ 熟悉使用淡化器调节音频的方法。

◆ 掌握录音和子轨道的应用方法。

◆ 了解使用时间线窗口合成音频的方法。

◆ 掌握分离和链接视音频的方法。

◆ 掌握添加音频特效的方法。

技能目标

◆ 掌握"使用淡化器调节音频"的制作方法。

◆ 掌握"海上运动"的制作方法。

◆ 掌握"摇滚音乐"的制作方法。

Premiere Pro CS6音频改进后功能十分强大，不仅可以编辑音频素材、添加音效、单声道混音、制作立体声和5.1环绕声，还可以使用时间线窗口进行音频的合成工作。

在Premiere Pro CS6中可以很方便地处理音频，如声音的摇摆和声音的渐变等。

在Premiere Pro CS6中对音频素材进行处理主要有以下3种方式。

（1）在"时间线"窗口的音频轨道上通过修改关键帧的方式对音频素材进行操作，如图7-1所示。

图7-1

（2）使用菜单中相应的命令来编辑所选的音频素材，如图7-2所示。

图7-2

（3）在"效果"面板中为音频素材添加"音频特效"来改变音频素材的效果，如图7-3所示。

图7-3

选择"编辑 > 首选项 > 音频"命令，弹出"首选项"对话框，可以对音频素材属性的使用进行初始设置，如图7-4所示。

图7-4

7.2　使用调音台调节音频

Premiere Pro CS6大大加强了其处理音频的能力，使用更加专业化。"调音台"窗口可以更加有效地调节节目的音频，如图7-5所示。

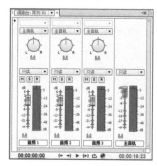

图7-5

"调音台"窗口可以实时混合"时间线"窗口中各轨道的音频对象。用户可以在"调音台"窗口中选择相应的音频控制器进行调节，该控制器调节它在"时间线"窗口中对应的音频对象。

7.2.1　认识"调音台"窗口

"调音台"由若干个轨道音频控制器、主音频控制器和播放控制器组成，每个控制器使用控制按钮和调节滑块调节音频。

1．轨道音频控制器

"调音台"中的轨道音频控制器用于调节其相对轨道上的音频对象，控制器1对应"音频1"、控制器2对应"音频2"，以此类推。轨道音频控制器的数目由"时间线"窗口中的音频轨道数目决定，当在"时间线"窗口中添加音频时，"调音台"窗口中将自动添加一个轨道音频控制器与其对应。

轨道音频控制器由控制按钮、调节滑轮及调节滑块组成。

（1）控制按钮。轨道音频控制器中的控制按钮可以设置音频调节时的调节状态，如图7-6所示。

图7-6

单击"静音轨道"按钮M，该轨道音频设置为静音状态。

单击"独奏轨"按钮S，其他未选中独奏按钮的轨道音频会自动设置为静音状态。

激活"激活录制轨"按钮R，可以利用输入设备将声音录制到目标轨道上。

（2）声音调节滑轮。如果对象为双声道音频，可以使用声道调节滑轮调节播放声道。向左拖曳滑轮，输出到左声道（L），可以增大音量；向右拖曳滑轮，输出到右声道（R）并使音量增大，声道调节滑轮如图7-7所示。

图7-7

（3）音量调节滑块。通过音量调节滑块可以控制当前轨道音频对象的音量，Premiere Pro CS6以分贝数显示音量。向上拖曳滑块，可以增加音量；向下拖曳滑块，可以减小音量。下方数值栏中显示当前音量，用户也可直接在数值栏中输入声音分贝数。播放音频时，面板左侧为音量表，显示音频播放时的音量大小；音量表顶部的小方块显示系统所能处理的音量极限，当方块显示为红色时，表示该音频量超过极限，音量过大。音量调节滑块如图7-8所示。

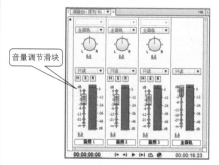

图7-8

使用主音频控制器可以调节"时间线"窗口中所有轨道上的音频对象。主音频控制器的使用方法与轨道音频控制器相同。

2．播放控制器

播放控制器用于音频播放，使用方法与监视器窗口中的播放控制栏相同，如图7-9所示。

图7-9

7.2.2　设置调音台窗口

单击"调音台"窗口右上方的  按钮，在弹出的快捷菜单中对窗口进行相关设置，如图7-10所示。

图7-10

"显示/隐藏轨道"选项：该命令可以对"调音台"窗口中的轨道进行隐藏或显示设置。选择该命令，在弹出的如图7-11所示的对话框中会显示左侧✓图标的轨道。

图7-11

"显示音频单位"选项：该命令可以在时间标尺上以音频单位进行显示，如图7-12所示。

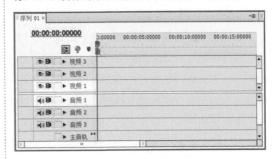

图7-12

"循环"选项：该命令被选定的情况下，系统会循环播放音乐。

在编辑音频的时候，一般情况下以波形来显示图标，这样可以更直观地观察声音的变化状态。在音频轨道左侧的控制面板中单击 按钮，在弹出的列表中选择"显示波形"，即可在图标上显示音频波形，如图7-13所示。

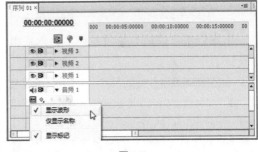

图7-13

7.3　调节音频

"时间线"窗口中的每个音频轨道上都有音频淡化控制，用户可通过音频淡化器调节音频素材的电平。音频淡化器初始状态为中低音量，相当于录音机表中的0dB。

可以调节整个音频素材增益，同时保持为素材调制的电平稳定不变。

在Premiere Pro CS6中，用户可以通过淡化器调节工具或者调音台调制音频电平。在Premiere Pro CS6中，对音频的调节分为"素材"调节和"轨道"调节。对素材调节时，音频的改变仅对当前的音频素材有效，删除素材后，调节效果就消失了；而轨道调节仅针对当前音频轨道进行调节，所有在当前音频轨道上的音频素材都会在调节范围内受到影响。使用实时记录的时候，则只能针对音频轨道进行调节。

在音频轨道控制面板左侧单击 按钮，在弹出的列表中选择音频轨道的显示内容，如图7-14所示。

图7-14

7.3.1 课堂案例——使用淡化器调节音频

【案例学习目标】编辑音频的淡入淡出效果。

【案例知识要点】使用"导入"命令导入素材文件，使用"特效控制台"面板调整音频的淡入淡出效果。使用淡化器调节的音频效果如图7-15所示。

图7-15

【效果所在位置】Ch07/使用淡化器调节音频/使用淡化器调节音频. prproj。

（1）启动Premiere Pro CS6软件，弹出"欢迎使用 Adobe Premiere Pro"欢迎界面，单击"新建项目"按钮 ，弹出"新建项目"对话框，设置"位置"选项，选择保存文件的路径，在"名称"文本框中输入文件名"使用淡化器调节音频"，如图7-16所示。单击"确定"按钮，弹出"新建序列"对话框，在左侧的列表中展开"DV-PAL"选项，选中"标准 48kHz"模式，如图7-17所示，单击"确定"按钮完成序列的创建。

图7-16

图7-17

（2）选择"文件 > 导入"命令，弹出"导入"对话框，选择本书学习资源中的"Ch07/使用淡化器调节音频/素材/01和02"文件，如图7-18所示，单击"打开"按钮，将素材文件导入"项目"面板，如图7-19所示。

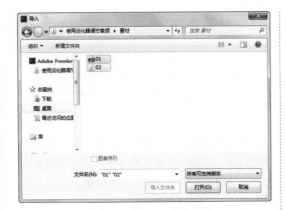

图7-18

图7-19

（3）在"项目"面板中，选中"01"文件并将其拖曳到"时间线"面板的"视频1"轨道中，弹出"素材不匹配警告"对话框，单击"保持现有设置"按钮，将"01"文件放置在"视频1"轨道中，如图7-20所示。在"项目"面板中，选中"02"文件并将其拖曳到"时间线"面板的"音频1"轨道中，如图7-21所示。

图7-20

图7-21

（4）选择"特效控制台"面板，展开"音量"选项，将"级别"选项设置为-999，如图7-22所示，记录第1个动画关键帧。将时间标签放置在0:21s的位置，在"特效控制台"面板中将"级别"选项设置为0，如图7-23所示，记录第2个动画关键帧。

图7-22

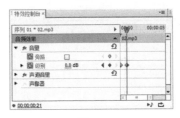

图7-23

（5）将时间标签放置在6:22s的位置，在"特效控制台"面板中将"级别"选项设置为6，如图7-24所示，记录第3个动画关键帧。将时间标签放置在26:10s的位置，在"特效控制台"面板中将"级别"选项设置为0，如图7-25所示，记录第4个动画关键帧。

图7-24

图7-25

（6）将时间标签放置在32:12s的位置，在“特效控制台”面板中将“级别”选项设置为5.7，如图7-26所示，记录第5个动画关键帧。将时间标签放置在34:21s的位置，在“特效控制台”面板中将“级别”选项设置为-999，如图7-27所示，记录第6个动画关键帧。用淡化器调节音频制作完成。

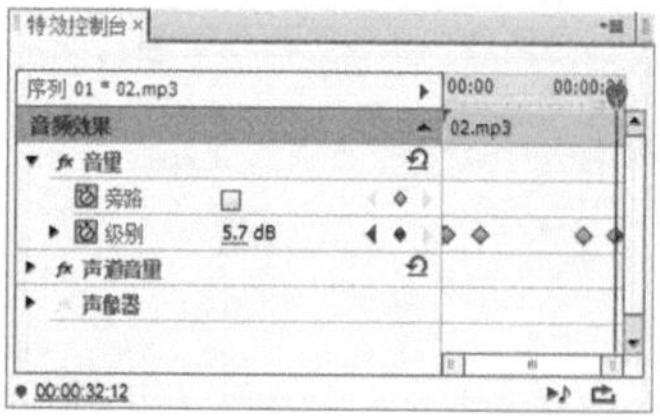

图7-26

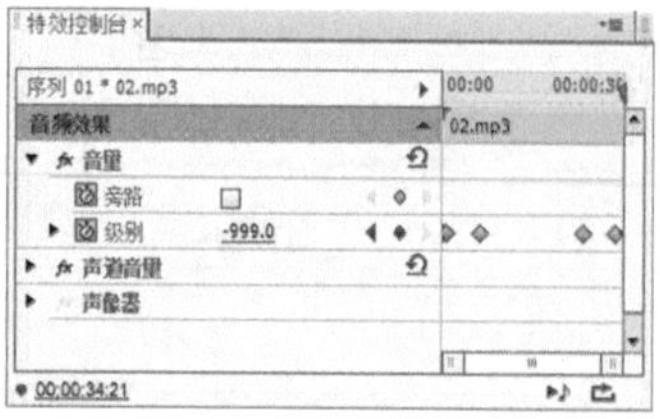

图7-27

7.3.2 使用淡化器调节音频

选择“显示素材卷”/“显示轨道卷”，可以分别调节素材/轨道的音量。

（1）在默认情况下，音频轨道面板卷展栏关闭。单击卷展控制按钮▷，使其变为▽状态，展开轨道。

（2）选择“钢笔”工具或“选择”工具，使用该工具拖曳音频素材（或轨道）上的黄线即可调整音量，如图7-28所示。

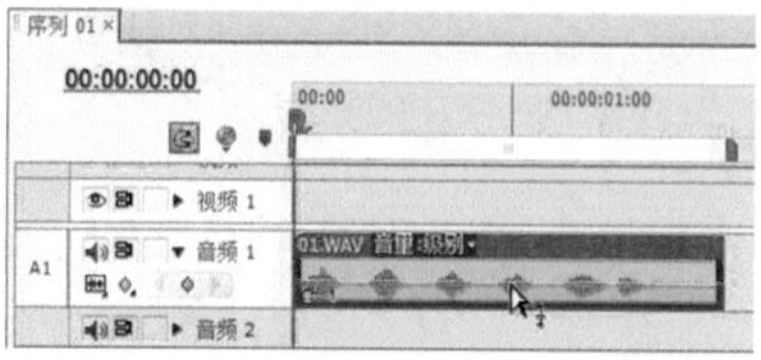

图7-28

（3）按住<Ctrl>键的同时将鼠标指针移动到音频淡化器上，指针将变为带有加号的箭头，如图7-29所示。

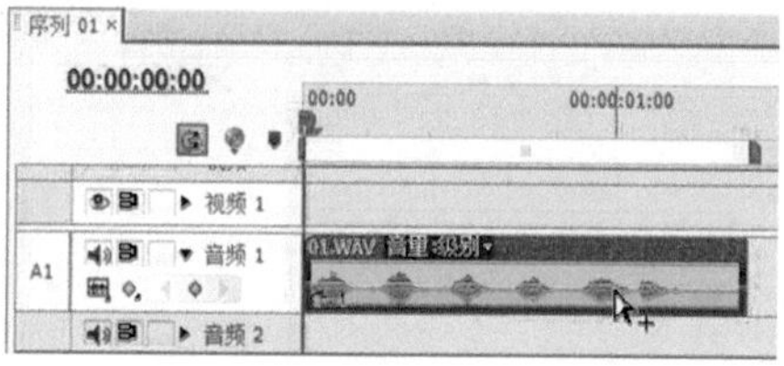

图7-29

（4）单击添加一个关键帧，用户可以根据需要添加多个关键帧。单击并按住鼠标上下拖曳关键帧，关键帧之间的直线指示音频素材是淡入或者淡出：一条递增的直线表示音频淡入，另一条递减的直线表示音频淡出，如图7-30所示。

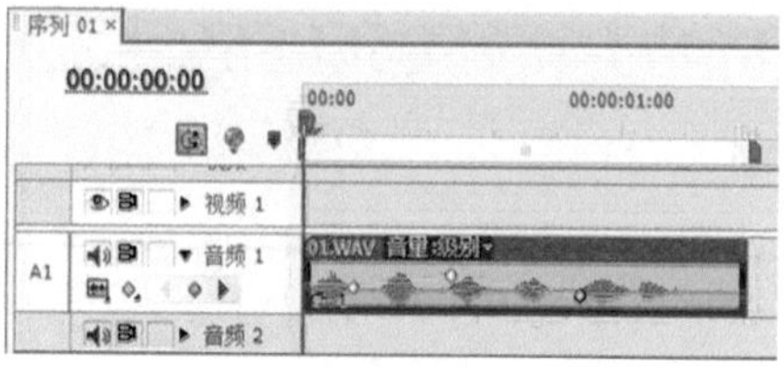

图7-30

（5）用鼠标右键单击素材，选择“音频增益”命令，在弹出的对话框中单击“标准化所有峰值为”选项，可以使音频素材自动匹配到较佳音量，如图7-31所示。

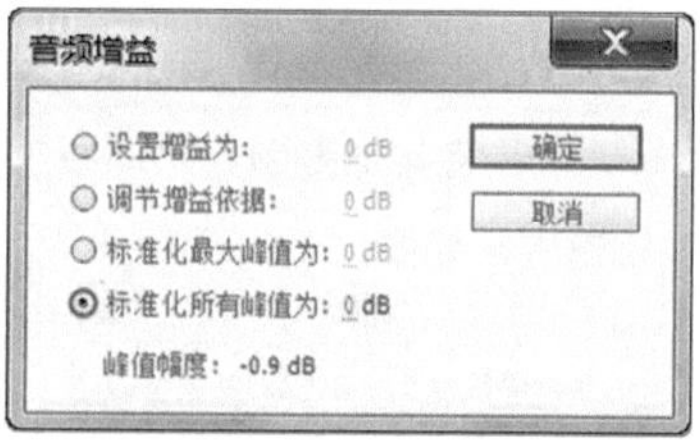

图7-31

7.3.3 实时调节音频

使用Premiere Pro CS6的“调音台”窗口调节音量非常方便，用户可以在播放音频时实时进行音量调节。使用调音台调节音频电平的方法如下。

（1）在“时间线”窗口中的轨道控制面板左侧单击按钮，在弹出的列表中选择“显示轨道音量”选项。

（2）在"调音台"窗口上方需要进行调节的轨道上单击"只读"下拉列表框，在下拉列表中进行设置，如图7-32所示。

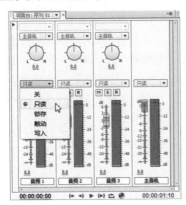

图7-32

"关"选项：选择该命令，系统会忽略当前音频轨道上的调节，仅按照默认设置播放。

"只读"选项：选择该命令，系统会读取当前音频轨上的调节效果，但是不能记录音频调节过程。

"锁存"选项：当使用自动书写功能实时播放记录调节数据时，每调节一次，下一次调节时调节滑块在上一次调节点之后的位置，当单击停止按钮停止音频后，当前调节滑块会自动转为音频对象在进行当前编辑前的参数值。

"触动"选项：当使用自动书写功能实时播放记录调节数据时，每调节一次，下一次调节时调节滑块初始位置会自动转为音频对象在进行当前编辑前的参数值。

"写入"选项：当使用自动书写功能实时播放记录调节数据时，每调节一次，下一次调节时调节滑块在上一次调节后的位置。在调音台中激活需要调节的音频轨道时，一般情况选择"写入"即可。

（3）单击"播放-停止切换"按钮▶，"时间线"窗口中的音频素材开始播放。拖曳音量控制滑块进行调节，调节完成后，系统自动记录结果，如图7-33所示。

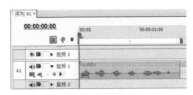

图7-33

7.4　录音和子轨道

由于Premiere Pro CS6的调音台提供了全新的录音和子轨道调节功能，因此可直接在计算机上完成解说或者配音的工作。

7.4.1　制作录音

使用录音功能，首先必须保证计算机的音频输入装置被正确连接。可以使用麦克风或者其他MIDI设备在Premiere Pro CS6中录音，录制的声音会成为音频轨道上的一个音频素材，还可以将这个音频素材输出保存为一个兼容的音频文件格式。

制作录音的方法如下。

（1）激活要录制音频轨道的"激活录制轨"按钮R，如图7-34所示。

（2）激活录音装置后，上方会出现音频输入的设备选项，选择输入音频设备即可。

（3）激活窗口下方的█按钮，如图7-35所示。

（4）单击窗口下方的▶按钮，进行解说或者演奏即可；单击按钮■，即可停止录音，当前音频轨道上出现刚才录制的声音，如图7-36所示。

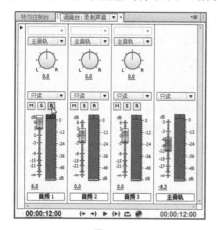

图7-34

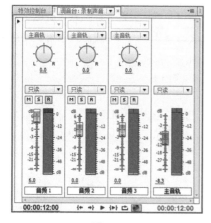

图7-35

图7-36

7.4.2 添加与设置子轨道

添加与设置子轨道的方法如下。

（1）单击"调音台"窗口左侧的▶按钮，展

开特效和子轨道设置栏，下边的区域用来添加音频子轨道。在子轨道的区域中单击小三角，会弹出子轨道下拉列表，如图7-37所示。

（2）在下拉列表中选择添加的子轨道方式，可以添加一个单声轨、立体声或者5.1声道的子轨道。选择子轨道类型后，即可为当前音频轨道添加子轨道。可以分别切换不同的子轨道进行调节控制，Premiere Pro CS6提供了5个子轨道控制，如图7-38所示。

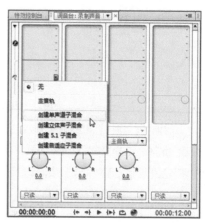

图7-37

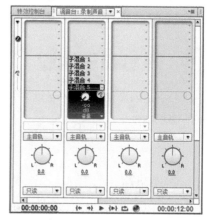

图7-38

（3）单击子轨道调节栏右上角的图标，使其变为状态，可以屏蔽当前子轨道。

7.5 使用时间线窗口合成音频

　　将所需要的音频导入"项目"窗口后，接下来就可以对音频素材进行编辑了。本节介绍对音频素材的编辑处理和各种操作方法。

7.5.1　课堂案例——海上运动

　　【案例学习目标】编辑音频调整声道、速度与音调。

　　【案例知识要点】使用"速度/持续时间"命令编辑视频播放快慢效果，使用"平衡"命令调整音频的左右声道，使用"PitchShifter"（音调转换）命令调整音频的速度与音调。海上运动效果如图7-39所示。

　　【效果所在位置】Ch07/海上运动/海上运动.prproj。

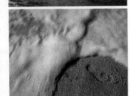

图7-39

　　（1）启动Premiere Pro CS6软件，弹出"欢迎使用 Adobe Premiere Pro"界面。单击"新建项目"按钮🔳，弹出"新建项目"对话框，设置"位置"选项，选择保存文件的路径，在"名称"文本框中输入文件名"海上运动"，如图7-40所示。单击"确定"按钮，弹出"新建序列"对话框，在左侧的列表中展开"DV-PAL"选项，选中"标准 48kHz"模式，如图7-41所示，单击"确定"按钮。

图7-40

图 7-41

　　（2）选择"文件 > 导入"命令，弹出"导入"对话框，选择本书学习资源中的"Ch07/海上运动/素材/01、02、03"文件，单击"打开"按钮，导入图片，如图7-42所示。导入后的文件排列在"项目"面板中，如图7-43所示。

图7-42

图7-43

（3）在"项目"面板中，选中"01"文件并将其拖曳到"时间线"窗口的"视频1"轨道中，如图7-44所示。按<Ctrl>+<R>组合键，弹出"素材速度/持续时间"对话框，将"速度"选项设置为91%，如图7-45所示，单击"确定"按钮，在"时间线"窗口中的显示如图7-46所示。

图7-44

图7-45

图7-46

（4）在"项目"面板中，分别选中"02""03"文件并将其拖曳到"时间线"窗口的"音频1""音频2"轨道中，如图7-47所示。在"时间线"窗口中选中"03"文件。按<Ctrl>+<R>组合键，弹出"素材速度/持续时间"对话框，将"速度"选项设置为82%，如图7-48所示。单击"确定"按钮，在"时间线"窗口中的显示如图7-49所示。

图7-47

图7-48

图7-49

（5）选择"窗口 > 效果"命令，弹出"效果"面板，展开"音频特效"选项，选中"平衡"特效，如图7-50所示。将"平衡"特效拖曳到"时间线"窗口中的"02"文件上，如图7-51所示。选择"特效控制台"面板，展开"平衡"特效，将"平衡"选项设置为100.0，如图7-52所示。

图7-50

图7-51

图7-52

（6）选择"效果"面板，展开"音频特效"选项，选中"平衡"特效，如图7-53所示。将"平衡"特效拖曳到"时间线"窗口中的"03"文件上，如图7-54所示。选择"特效控制台"面板，展开"平衡"特效，将"平衡"选项设置为-100.0，如图7-55所示。

图7-53

图7-54

图7-55

（7）选择"效果"面板，展开"音频特效"选项，选中"PitchShifter"（音调转换）特效，如图7-56所示。将"PitchShifter"特效拖曳到"时间线"窗口中的"03"文件上，如图7-57所示。选择"特效控制台"面板，展开"PitchShifter"特效，展开"自定义设置"选项，将"Pitch"选项设置为5，其他设置如图7-58所示。海上运动制作完成。

图7-56

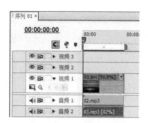

图7-57

图7-58

7.5.2 调整音频持续时间和速度

与视频素材的编辑一样，在应用音频素材时，可以对其播放速度和时间长度进行修改设置，具体操作步骤如下。

（1）选中要调整的音频素材，选择"素材 > 速度/持续时间"命令，弹出"素材速度/持续时间"对话框，如图7-59所示，在"持续时间"数值对话框中可以对音频素材的持续时间进行调整。

（2）在"时间线"窗口中直接拖曳音频的边缘，可改变音频轨上音频素材的长度。也可使用"剃刀"工具，将音频素材多余的部分切除掉，如图7-60所示。

图7-59

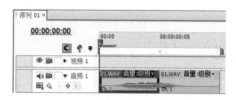

图7-60

7.5.3 音频增益

音频增益指的是音频信号的声调高低。当一个视频片段同时拥有几个音频素材时，就需要平衡这几个素材的增益，如果一个素材的音频信号太高或太低，就会严重影响播放时的音频效果。可通过以下步骤设置音频素材增益。

（1）选择"时间线"窗口中要调整的素材，被选择的素材周围会出现黑色实线，如图7-61所示。

（2）选择"素材 > 音频选项 > 音频增益"命令，弹出"音频增益"对话框，将鼠标指针移动到对话框的数值上，当指针变为手形标记时，单击并按住鼠标左键左右拖曳，增益值将被改变，如图7-62所示。

（3）完成设置后，可以通过"源"窗口查看处理后的音频波形变化，播放修改后的音频素材，试听音频效果。

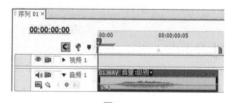

图7-61

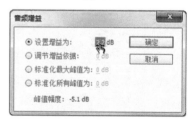

图7-62

7.6　分离和链接视音频

在编辑工作中，经常需要将"时间线"窗口中的视音频链接素材的视频和音频部分分离。用户可以完全打断或者暂时释放链接素材的链接关系并重新设置各部分。

Premiere Pro CS6中音频素材和视频素材有两种链接关系：硬链接和软链接。如果链接的视频和音频来自一个影片文件，它们是硬链接，"项目"窗口中只显示一个素材。硬链接是在素材输入Premiere Pro CS6之前就建立的，在"时间线"窗口中显示为相同的颜色，如图7-63所示。

软链接是在"时间线"窗口建立的链接。用户可以在"时间线"窗口为音频素材和视频素材建立软链接。软链接类似于硬链接，但链接的素材在"项目"窗口中保持着各自的完整性，在序列中显示为不同的颜色，如图7-64所示。

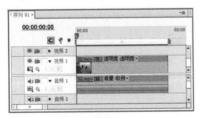

图7-63

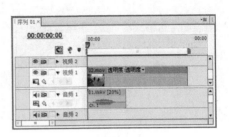

图7-64

如果要打断链接在一起的视音频，可在轨道上选择对象，单击鼠标右键，在弹出的快捷菜单中选择"解除视音频链接"命令即可，如图7-65所示。被打断的视音频素材可以单独进行操作。

如果要把分离的视音频素材链接在一起作为一个整体进行操作，则只需要框选需要链接的视音频，单击鼠标右键，在弹出的快捷菜单中选择"链接视频和音频"命令即可，如图7-66所示。

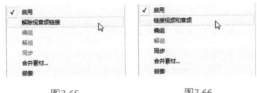

图7-65　　　　　　　　图7-66

7.7　添加音频特效

Premiere Pro CS6提供了20种以上的音频特效，可以通过特效产生回声、和声及去除噪音的效果，还可以使用扩展的插件得到更多的控制。

7.7.1　课堂案例——摇滚音乐

【案例学习目标】为音频添加音频特效。

【案例知识要点】使用"导入"命令导入素材文件，使用"低音"和"参数均衡"特效调整音频的效果。摇滚音乐效果如图7-67所示。

【效果所在位置】Ch07/摇滚音乐/摇滚音乐. prproj。

图7-67

（1）启动Premiere Pro CS6软件，弹出"欢迎使用 Adobe Premiere Pro"欢迎界面，单击"新建项目"按钮，弹出"新建项目"对话框，设置"位置"选项，选择保存文件的路径，在"名称"文本框中输入文件名"摇滚音乐"，如图7-68所示。单击"确定"按钮，弹出"新建序列"对话框，在左侧的列表中展开"DV-PAL"选项，选中"标准48kHz"模式，如图7-69所示，单击"确定"按钮完成序列的创建。

图7-68

图7-69

（2）选择"文件 > 导入"命令，弹出"导入"对话框，选择本书学习资源中的"Ch07/摇滚音乐/素材/01和02"文件，如图7-70所示，单击"打开"按钮，将素材文件导入"项目"面板，如图7-71所示。

图7-70

图7-71

（3）在"项目"面板中，选中"01"文件并将其拖曳到"时间线"面板的"视频1"轨道中，弹出"素材不匹配警告"对话框，单击"保持现有设置"按钮，将"01"文件放置在"视频1"轨道中，如图7-72所示。将时间标签放置在20s的位置，在"视频1"轨道上选中"01"文件，将鼠标指针放在"01"文件的结束位置，当鼠标指针呈状时，向左拖曳指针到20s的位置上，如图7-73所示。

图7-72　　　　　图7-73

（4）在"项目"面板中，选中"02"文件并将其拖曳到"时间线"面板的"音频1"轨道中，如图7-74所示。将鼠标指针放在"02"文件的结束位置，当鼠标指针呈⊮状时，向左拖曳指针到20s的位置上，如图7-75所示。

图7-74

图7-75

（5）将时间标签放置在0s的位置，选择"窗口 > 效果"命令，弹出"效果"面板，展开"音频特效"分类选项，选中"低音"特效，如图7-76所示。将"低音"特效拖曳到"时间线"面板的"音频1"轨道中的"02"文件上，如图7-77

图7-76

所示。选择"特效控制台"面板，展开"低音"特效，将"放大"选项设置为6，如图7-78所示。

图7-77

图7-78

（6）在"效果"面板中展开"音频特效"分类选项，选中"参数均衡"特效，如图7-79所示。将"参数均衡"特效拖曳到"时间线"面板的"音频1"轨道中的"02"文件上，如图7-80所示。在"特效控制台"面板中展开"参数均衡"特效，将"中置"选项设置为502.5，"Q"选项设置为14.8，"放大"选项设置为2.2，如图7-81所示。

图7-79

图7-80

图7-81

（7）将时间标签置在2:13s的位置，在"特效控制台"面板中展开"声像器"选项，将"平衡"选项设置为0.8，如图7-82所示，记录第1个动画关键帧。将时间标签放置在20s的位置，在"特效控制台"面板中将"平衡"选项设置为-0.9，如图7-83所示，记录第2个动画关键帧。摇滚音乐制作完成，如图7-84所示。

图7-82

图7-83

图7-84

7.7.2　为素材添加特效

音频素材的特效添加方法与视频素材的特效添加方法相同，这里不再赘述。可以在"效果"窗口中展开"音频特效"设置栏，分别在不同的音频模式文件夹中选择音频特效进行设置，如图7-85所示。

在"音频过渡"设置栏下，Premiere Pro CS6还为音频素材提供了简单的切换方式，如图7-86所示。为音频素材添加切换的方法与视频素材相同。

图7-85

图7-86

7.7.3　设置轨道特效

除了可以对轨道上的音频素材设置外，还可以直接对音频轨道添加特效。首先在调音台中展开目标轨道的特效设置栏 ，单击右侧设置栏上的小三角，弹出音频特效下拉列表，如图7-87所示，选择需要使用的音频特效即可。可以在同一个音频轨道上添加多个特效并分别控制，如图7-88所示。

图7-87

图7-88

如果要调节轨道的音频特效，可以单击鼠标右键，在弹出的下拉列表中选择设置即可，如图7-89所示。在下拉列表中选择"编辑"命令，可以在弹出的特效设置对话框中进行更加详细的设置，图7-90所示为"Phaser"的详细调整窗口。

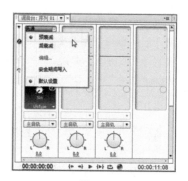

图7-89

图7-90

7.7.4　音频效果简介

下面对音频特效进行简单介绍。

1．选频

该特效的作用是删除超出指定范围或波段的频率，其设置面板如图7-91所示。

图7-91

"中置"选项：指定波段中心的频率。

"Q"选项：指定要保留的频段的宽度，低的设置产生宽的频段，而高的设置产生窄的频段。

2．多功能延迟

该特效可以对素材中的原始音频最多添加4次回声，其设置面板如图7-92所示。

图7-92

"延迟1~4"选项：设置原始声音的延长时间，最大值为2秒。

"反馈1~4"选项：设置有多少延时声音被反馈到原始声音中。

"级别1~4"选项：控制每一个回声的音量。

"混合"选项：控制延迟和非延迟回声的量。

3. DeNoiser（降噪）

该特效可以自动探测录音带的噪声并将其消除。使用该特效可以消除模拟录制（如磁带录制）的噪声。自定义设置面板如图7-93所示，"特效控制台"设置面板如图7-94所示。

图7-93

图7-94

"Reduction"（减小量）选项：指定消除在-20~0dB范围内的噪声的数量。

"Offset"（偏移）选项：设置自动消除噪声和用户指定的基线的偏移量。这个值限定在-10~+10dB，当自动降噪不充分时，偏移允许附加的控制。

"Freeze"（冻结）选项：将噪声基线停止在当前值，使用这个控制来确定素材消除的噪声。

4. Dynamics（编辑器）

该特效提供了一套可以组合或独立调节音频的控制器，既可以使用自定义设置视图的图线控制器，也可以在单独的参数视图中调整。图线控制器如图7-95所示，其设置面板如图7-96所示。

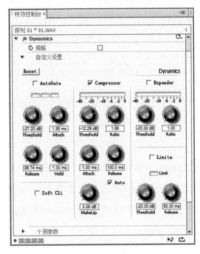

图7-95

图7-96

"AutoGate"（自动开关）选项：当电平低于指定的极限时切断信号。使用这个控制可以删除录制时不需要的背景信号，如画外音中的背景信号。可以将开关设置成随话筒停止而关闭，这样就删除了所有其他的声音。液晶显示的颜色表示开关的状态：打开为绿色，释放为黄色，关闭为红色。有以下4个控制滑轮。

（1）"Threshold"（极限）选项：指定输入信号打开开关必须超过的电平（-60~0dB）。如果信号低于这个电平，开关是关闭的，输入的信号就是静音。

（2）"Attack"（动手处理）选项：指定信号电平超过极限到开关打开需要的时间。

（3）"Release"（释放）选项：设置信号低于极限后的开关关闭需要的时间，范围是50~500ms。

（4）"Hold"（保持）选项：指定信号已经低于极限时开关保持开放的时间，范围是0.1~1000ms。

"Compressor"（压缩器）选项：用于通过提高低声的电平和降低大声的电平，平衡动态范围以产生一个在素材整个时间内调和的电平。有以下6个控制项。

（1）"Threshold"（极限）选项：设置必须调用压缩的信号电平极限，范围是-60~0dB，低于这个极限的电平不受影响。

（2）"Ratio"（比率）选项：设置压缩比率，最大到8：1。如比率为5：1，则输入电平增加5dB，输出只增加1 dB。

（3）"Attack"（动手处理）选项：设置信号超过界限时压缩反应的时间，在0.1ms到100ms之间。

（4）"Release"（释放）选项：用于设置当导入的音频素材音量低于"Threshold"（极限）值之后，波门保持关闭的时间，其取值范围为10~500ms。

（5）"Auto"（自动）选项：基于输入信号自动计算释放时间。

（6）"MakeUp"（补充）选项：调节压缩

器的输出电平以解决压缩造成的损失，在-6dB到0dB之间。

"Expander"（放大器）选项：用于降低所有低于指定极限的信号到设置的比率。计算结果与开关控制相像，但更敏感，有以下控制项。

（1）"Threshold"（极限）选项：指定信号可以激活放大器的电平极限，超过极限的电平不受影响。

（2）"Ratio"（比率）选项：设置信号放大的比率，最大到5：1。如比率为5：1，则降低1dB的电平将相应扩展5dB，导致信号更快速地减小。

"Limiter"（限制器）选项：还原包含信号峰值的音频素材中的裁减。例如，在一个音频素材中，界定峰值为超过0dB，那么这个音频的全部电平不得不降低在0dB以下，以避免裁减。可以使用的控制项如下。

（1）"Threshold"（极限）选项：指定信号的最高电平，在-12dB到0dB之间。所有超过极限的信号将被还原成与极限相同的电平。

（2）"Release"（释放）选项：指定素材出现后增益返回正常电平需要的时间，在10ms到500ms之间。

"Soft Clip"选项：与"Limiter"相似，但不是用硬性限制，这个控制赋予某些信号一个边缘，可以将它们更好地定义在全面的混合中。

5. EQ（均衡）

该特效类似于一个变量均衡器，可以使用多频段来控制频率、宽带及电平，具体设置如图7-97和图7-98所示。

"Frequency"（频率）选项：用于设置增大或减小波段的数量，取值范围为20~2000Hz。

"Gain"（增益）选项：指定增大或减小的波段数量，取值范围为-20~+20dB。

"Q"选项：指定每一个过滤器波段的宽度，在0.05个到5.0个八度音阶之间。

"Out Put"（输出）选项：指定对EQ输出增益增加或减少频段补偿的增益量。

图7-97

图7-98

6. Multiband Compressor（多频带压缩）

该特效是一个可以分波段控制的三波段压缩器，当需要柔和的声音压缩器时，就使用这个特效，而不要使用"Dynamics"（编辑器）中的压缩器。

可以在自定义设置视图中使用图形控制器，也可以在单独的参数视图中调整数值。在自定义设置视图的频率窗口中会显示3个波段（低、中、高），通过调整增益和频率的手柄来控制每个波段的增益。中心波段的手柄确定波段的交叉频率，拖曳手柄可以调整相应的频率。自定义设置如图7-99所示，其设置面板如图7-100所示。

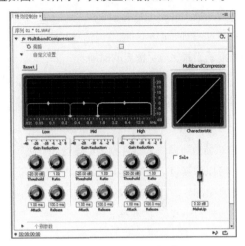

图7-99

图7-100

"Solo"选项：只播放激活的波段。

"Make Up"选项：调整电平，以dB为单位。

"BandSelect"选项：选择一个波段。

"Crossover Frequency"选项：增大选择波段的频率范围。

"MakeUp"选项：指定输出的增益调整以补偿压缩造成的增益的减小或增大，这有助于保护个别增益设置的混合。

对于每一个波段，可以使用以下控制项。

（1）Threshold1~3：指定电平值（-60到0dB），输入信号必须超过该值才会启动压缩。

（2）Ratio1~3：指定压缩率，最大为8∶1。

（3）Attack1~3：指定压限器响应超过阈值的信号所需的时间（0.1到10毫秒）。

（4）Release1~3：指定当信号回落低于界限时增益返回原始电平需要的时间。

（5）MakeUp1~3：指定当信号降到低于阈值时增益恢复到原始电平所需的时间。

7. 低音

该特效可以对素材音频中的重音部分进行处理，可以增强也可以减弱重音部分，同时不影响其他音频部分，其设置面板如图7-101所示。该特效仅处理200Hz以下的频率。

图7-101

8. PitchShifter（音调转换）

利用该特效可以以半音为单位调整音高。用户可以在带有图形按钮的"自定义设置"选项中调节各参数，也可以在"单独参数"选项中通过调整各参数选项值来进行调整，如图7-102和图7-103所示。

图7-102　　　　　图7-103

"Pitch"（音高）选项：指定半音过程中定调的变化，调整范围是-12~+12dB。

"FineTune"（微调）选项：确定定调参数的半音格之间的微调。

"FormantPreserve"（保留共振峰）选项：保护音频素材的共振峰免受影响。例如，当增加一个高音的定调时，使用这项控制可以保护它不会变样。

9. Reverb（混响）

该特效可以为一个音频素材增加气氛，模仿室内播放音频的声音。可以使用自定义设置视图中的图形控制器来调整各个属性，也可以在个别的参数视图中进行调整。自定义设置如图7-104所示，单独参数设置如图7-105所示。

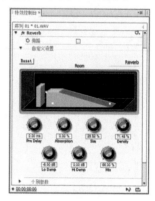

图7-104

图7-105

"PreDelay"（预延迟）选项：指定信号与回响之间的时间。这项设置与声音传播到墙壁然后再反射回到现场听众的距离相关联。

"Absorption"（吸收）选项：指定声音被吸收的百分比。

"Size"（大小）选项：指定空间大小的百

分比。

"Density"（密度）选项：指定回响"拖尾"的密度。

"LoDamp"（低阻尼）选项：指定低频的衰减（以dB为单位）。衰减低频可以防止嗡嗡声造成的回响。

"HiDamp"（高阻尼）选项：指定高频衰减，低的设置可以使回响的声音较柔和。

"Mix"（混音）选项：控制回响的力量。

10. 平衡

该特效允许控制左、右声道的相对音量，正值增大右声道的音量，负值增大左声道的音量。

11. 使用左声道/使用右声道

这两个特效主要是使声音回放在左（右）声道中进行，即使用右（左）声道的声音来代替左（右）声道的声音，而左（右）声道原来的信息将被删除。

12. 互换声道

该特效可以交换左右声道信息的布置。

13. 去除指定频率

该特效可删除接近指定中心的频率，其设置面板如图7-106所示。

图7-106

"中置"选项：指定要删除的频率。如果要消除电力线的嗡嗡声，输入一个与录制素材地点的电力系统使用的电力线频率匹配的值即可。

14. 参数均衡

该特效可以增大或减小与指定中心频率接近的频率，其设置面板如图7-107所示。

图7-107

"中置"选项：指定特定范围的中心频率。

"Q"选项：指定受影响的频率范围。低设置产生宽的波段，而高设置产生窄的波段。调整频率的量以dB为单位。如果使用"放大"参数，则用来指定调整带宽。

"放大"选项：指定增大或减小频率范围的量，取值范围为-24~+24dB。

15. 反相

该特效用于将所有声道的状态进行反转。

16. 声道音量

该特效允许单独控制素材或轨道立体声或5.1环绕中每一个声道的音量。每一个声音的电平以dB计量，其设置面板如图7-108所示。

图7-108

17. 延迟

该特效可以添加音频素材的回声，其设置面板如图7-109所示。

图7-109

"延迟"选项：指定回声播放延迟的时间，最大值为2s。

　　"反馈"选项：指定延迟信号反馈叠加的百分比。

　　"混合"选项：控制回声的数量。

18. 音量

　　该特效可以提高音频电平而不被修剪，只有当信号超过硬件允许的动态范围时才会出现修剪，这时往往导致产生失真的音频。

19. 高通/低通

　　"高通"特效用于删除低于指定频率界限的频率，而"低通"特效则用于删除高于指定频率界限的频率。

20. 高音

　　该特效允许增大或减小高频（4000Hz和更高）。

课堂练习——音频的剪辑

　　【练习知识要点】使用"显示轨道关键帧"选项制作音频的淡出与淡入。音频的剪辑效果如图7-110所示。

　　【效果所在位置】Ch07/音频的剪辑/音频的剪辑.prproj。

图7-110

课后习题——音频的调节

　　【习题知识要点】使用"色阶"命令调整图像的亮度与对比度，使用"自动颜色"命令自动调整图像中的颜色，使用"素材速度/持续时间"命令编辑视频播放快慢效果，使用"剃刀"工具分割文件，使用"调音台"面板调整音频。音频的调节效果如图7-111所示。

　　【效果所在位置】Ch07/音频的调节/音频的调节.prproj。

图7-111

第 8 章

文件输出

本章介绍

本章主要介绍Premiere Pro CS6与节目最终输出有关的编码器、输出的节目类型与格式及相关的参数设置。通过对本章的学习，读者可以掌握渲染输出的方法和技巧。

学习目标

◆ 了解Premiere Pro CS6可输出的文件格式。

◆ 熟悉影片项目的预演方法。

◆ 了解输出参数的设置方法。

◆ 掌握渲染输出各种格式文件的方法。

技能目标

◆ 熟练掌握可输出文件的格式及方法。

◆ 熟练掌握渲染输出各种格式文件的方法。

8.1 Premiere Pro CS6可输出的文件格式

在Premiere Pro CS6中，可以输出多种文件格式，包括视频格式、音频格式、静态图像和序列图像等，下面进行详细介绍。

8.1.1 Premiere Pro CS6可输出的视频格式

在Premiere Pro CS6中可以输出多种视频格式，常用的有以下几种。

（1）AVI：AVI是Audio Video Interleaved的缩写。AVI是Windows操作系统中使用的视频文件格式，它的优点是兼容性好、图像质量高、调用方便，缺点是文件尺寸较大。

（2）Animated GIF：GIF是动画格式的文件，可以显示视频运动画面，但不包含音频部分。

（3）Fic/Fli：支持系统的静态画面或动画。

（4）Filmstrip：电影胶片（也称为幻灯片影片），但不包括音频部分。该类文件可以通过Photoshop等软件进行画面效果处理，然后再导入Premiere Pro CS6进行编辑输出。

（5）QuickTime：用于Windows和Mac OS系统上的视频文件，适合于网上下载。该文件格式是由Apple公司开发的。

（6）DVD：DVD是使用DVD刻录机及DVD空白光盘刻录而成的。

（7）DV：DV全称是Digital Video，是一种家用数字视频格式，它具有体积小、时间长的优点。

8.1.2 Premiere Pro CS6可输出的音频格式

在Premiere Pro CS6中可以输出多种音频格式，其主要输出的音频格式有以下几种。

（1）WAV：WAV全称是Windows Media Audio，WMA音频文件是一种压缩的离散文件或流式文件。它采用的压缩技术与MP3压缩原理近似，但它并不削减大量的编码。WMA最主要的优点是可以在较低的采样率下压缩出近于CD音质的音乐。

（2）MPEG：MPEG（动态图像专家组），创建于1988年，专门负责为CD建立视频和音频等相关标准。

（3）MP3：MP3是MPEG Audio Layer3的简称，它能够以高音质、低采样率对数字音频文件进行压缩。

此外，Premiere Pro CS6还可以输出DV AVI、Real Media和QuickTime格式的音频。

8.1.3 Premiere Pro CS6可输出的图像格式

在Premiere Pro CS6中可以输出多种图像格式，其主要输出的图像格式有以下几种。

（1）静态图像格式：Film Strip、FLC/FLI、Targa、TIFF和Windows Bitmap。

（2）序列图像格式：GIF Sequence、Targa Sequence和Windows Bitmap Sequence。

8.2 影片项目的预演

影片预演是视频编辑过程中对编辑效果进行检查的重要手段，它实际上也属于编辑工作的一个部分。影片预演分为两种，一种是实时预演，另一种是生成预演，下面分别进行介绍。

8.2.1 影片实时预演

实时预演，也称为实时预览，即平时所说的预览。进行影片实时预演的具体操作步骤如下。

（1）影片编辑制作完成后，在"时间线"面板中将时间标记移动到需要预演的片段开始位置，如图8-1所示。

（2）在"节目"监视器窗口中单击"播放-停止切换（Space）"按钮 ▶️ ，系统开始播放节目，在"节目"监视器窗口中预览节目的最终效果，如图8-2所示。

图8-1

图8-2

8.2.2 生成影片预演

与实时预演不同的是，生成影片预演不是使用显卡对画面进行实时预览，而是计算机的CPU对画面进行运算，先生成预演文件，然后再播

放。因此，生成影片预演取决于计算机CPU的运算能力。生成预演播放的画面是平滑的，不会产生停顿或跳跃，所表现出来的画面效果和渲染输出的效果是完全一致的。生成影片预演的具体操作步骤如下。

（1）影片编辑制作完成以后，在"时间线"面板中拖曳工具区范围条 的两端，以确定要生成影片预演的范围，如图8-3所示。

（2）选择"序列 > 渲染工作区域内的效果"命令，系统将开始进行渲染，并弹出"正在渲染"对话框显示渲染进度，如图8-4所示。

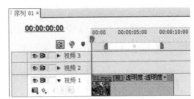

图8-3

图8-4

（3）在"渲染"对话框中单击"渲染详细信息"选项前面的▶按钮，展开此选项区域，可以查看渲染的时间、磁盘剩余空间等信息，如图8-5所示。

（4）渲染结束后，系统会自动播放该片段。在"时间线"面板中，预演部分将会显示绿色线条，其他部分则保持为红色线条，如图8-6所示。

图8-5

图8-7

图8-6

图8-8

（5）如果用户先设置了预演文件的保存路径，就可在计算机的硬盘中找到预演生成的临时文件，如图8-7所示。双击该文件，则可以脱离Premiere Pro CS6程序来进行播放，如图8-8所示。

生成的预演文件可以重复使用，用户下一次预演该片段时会自动使用该预演文件。当关闭该项目文件时，如果不进行保存，预演生成的临时文件会自动删除；如果用户在修改预演区域片段后再次预演，就会重新渲染并生成新的预演临时文件。

8.3　输出参数的设置

　　在Premiere Pro CS6中，既可以将影片输出为用于电影或电视中播放的录像带，也可以输出为通过网络传输的网络流媒体格式，还可以输出为可以制作VCD或DVD光盘的AVI文件等。但无论输出的是何种类型，在输出文件之前，都必须合理地设置相关的输出参数，使输出的影片达到理想的效果。本节以输出AVI格式为例，介绍输出前的参数设置方法，其他格式类型的输出设置与此类型基本相同。

8.3.1　输出选项

　　影片制作完成后即可输出，在输出影片之前，可以设置一些基本参数，其具体操作步骤如下。

　　（1）在"时间线"窗口中选择需要输出的视频序列，然后选择"文件 > 导出 > 媒体"命令，在弹出的对话框中进行设置，如图8-9所示。

图8-9

（2）在对话框右侧的选项区域中设置文件的格式及输出区域等选项。

1．文件类型

用户可以将输出的数字电影设置为不同的格式，以便适应不同的需要。在"格式"选项的下拉列表中，可以输出的媒体格式如图8-10所示。

图8-10

在Premiere Pro CS6中默认的输出文件类型或格式主要有以下几种。

（1）如果要输出为基于Windows操作系统的数字电影，则选择"Microsoft AVI"（Windows格式的视频格式）选项。

（2）如果要输出为基于Mac OS操作系统的数字电影，则选择"QuickTime"（MAC视频格式）选项。

（3）如果要输出GIF动画，则选择"Animated GIF"选项，即输出的文件连续存储了视频的每一帧，这种格式支持在网页上以动画形式显示，但不支持声音播放。若选择"GIF"选项，则只能输出为单帧的静态图像序列。

（4）如果只是输出为WAV格式的影片声音文件，则选择"Windows Waveform"选项。

2．输出视频

勾选"导出视频"复选框，可输出整个编辑项目的视频部分；若取消选择，则不能输出视频部分。

3．输出音频

勾选"导出音频"复选框，可输出整个编辑项目的音频部分；若取消选择，则不能输出音频部分。

8.3.2　"视频"选项区域

在"视频"选项区域中，可以为输出的视频指定使用的格式、品质及影片尺寸等相关的选项参数，如图8-11所示。

图8-11

"视频"选项区域中各主要选项含义如下。

"视频编解码器"选项：通常视频文件的数据量很大，为了减少所占的磁盘空间，在输出时可以对文件进行压缩。在该选项的下拉列表中，可以选择需要的压缩方式，如图8-12所示。

图8-12

"品质"选项：设置影片的压缩品质，通过拖动品质的百分比来设置。

"宽度"/"高度"选项：设置影片的尺寸。我国使用PAL制，选择720×576。

"帧速率"选项：设置每秒播放画面的帧数，提高帧速度会使画面播放得更流畅。如果将文件类型设置为Microsoft DV AVI，那么DV PAL对应的帧速率是固定的29.97和25；如果将文件类型设置为Microsoft AVI，那么帧速率可以选择1~60的数值。

"场序"选项：设置影片的场扫描方式，有上场、下场和无场3种方式。

"纵横比"选项：设置视频制式的画面比。单击该选项右侧的按钮，在弹出的下拉列表中选择需要的选项，如图8-13所示。

图8-13

8.3.3 "音频"选项区域

在"音频"选项区域中，可以为输出的音频指定使用的压缩方式、采样速率及量化指标等相关的选项参数，如图8-14所示。

图8-14

"音频"选项区域中各主要选项含义如下。

"音频编解码器"选项：为输出的音频选项选择合适的压缩方式进行压缩。Premiere Pro CS6默认的选项是"无压缩"。

"采样速率"选项：设置输出节目音频时所使用的采样速率，如图8-15所示。采样速率越高，播放质量越好，但所需的磁盘空间越大，占用的处理时间越长。

"通道"选项：在该选项的下拉列表中可以为音频选择单声道或立体声。

"样本大小"选项：设置输出节目音频时所使用的声音量化倍数，最高要提供32bit。一般地，要获得较好的音频质量，就要使用较高的量化位数，如图8-16所示。

图8-15

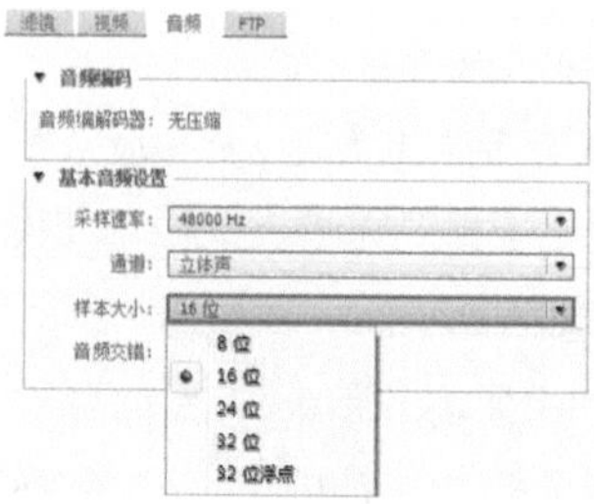

图8-16

8.4 渲染输出各种格式文件

　　Premiere Pro CS6可以渲染输出多种格式文件，从而使视频剪辑更加方便灵活。本节重点介绍各种常用格式文件渲染输出的方法。

8.4.1 输出单帧图像

　　在视频编辑中，可以将画面的某一帧输出，以便给视频动画制作定格效果。在Premiere Pro CS6中输出单帧图像的具体操作步骤如下。

　　（1）在Premiere Pro CS6的时间线上添加一段视频文件，选择"文件 > 导出 > 媒体"命令，弹出"导出设置"对话框，在"格式"选项的下拉列表中选择"TIFF"选项，在"输出名称"文本框中输入文件名并设置文件的保存路径，勾选"导出视频"复选框，其他参数保持默认状态，如图8-17所示。

图8-17

　　（2）单击"队列"按钮，打开"Adobe Media Encoder"窗口，单击右侧的"开始队列"按钮渲染输出视频，如图8-18所示。

图8-18

　　输出单帧图像时，最关键的是时间指针的定位，它决定了单帧输出时的图像内容。

8.4.2 输出音频文件

　　Premiere Pro CS6可以将影片中的一段声音或影片中的歌曲制作成音乐光盘等文件。输出音频文件的具体操作步骤如下。

　　（1）在Premiere Pro CS6的时间线上添加一个有声音的视频文件或打开一个有声音的项目文件，选择"文件 > 导出 > 媒体"命令，弹出"导出设置"对话框，在"格式"选项的下拉列表中选择"MP3"选项，在"预设"选项的下拉列表中选择"MP3 128kbps"选项，在"输出名称"文本框中输入文件名并设置文件的保存路径，勾选"导出音频"复选框，其他参数保持默认状态，如图8-19所示。

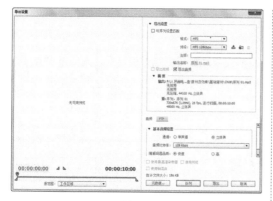

图8-19

（2）单击"队列"按钮，打开"Adobe Media Encoder"窗口，单击右侧的"开始队列"按钮渲染输出音频，如图8-20所示。

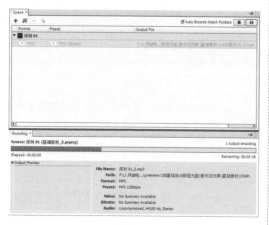

图8-20

8.4.3 输出整个影片

输出影片是常用的输出方式，将编辑完成的项目文件以视频格式输出，可以输出编辑内容的全部或者某一部分，也可以只输出视频内容或者只输出音频内容，一般将全部的视频和音频一起输出。

下面以Microsoft AVI格式为例，介绍输出影片的方法，其具体操作步骤如下。

（1）选择"文件 > 导出 > 媒体"命令，弹出"导出设置"对话框。

（2）在"格式"选项的下拉列表中选择

"AVI"选项。

（3）在"预设"选项的下拉列表中选择"PAL DV"选项，如图8-21所示。

图8-21

（4）在"输出名称"文本框中输入文件名并设置文件的保存路径，勾选"导出视频"复选框和"导出音频"复选框。

（5）设置完成后，单击"队列"按钮，打开"Adobe Media Encoder"窗口，单击右侧的"开始队列"按钮渲染输出视频，如图8-22所示。渲染完成后，即可生成所设置的AVI格式影片。

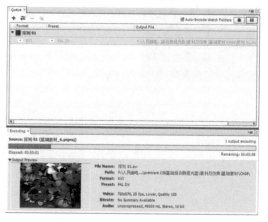

图8-22

8.4.4 输出静态图片序列

在Premiere Pro CS6中，可以将视频输出为静态图片序列，也就是说将视频画面的每一帧都输出为一张静态图片，这一系列图片中每张都具有一个自动编号。这些输出的序列图片可用于3D软件中的动态贴图，并且可以移动和存储。

输出图片序列的具体操作步骤如下。

（1）在Premiere Pro CS6的时间线上添加一段视频文件，设定只输出视频的一部分内容，如图8-23所示。

图8-23

（2）选择"文件 > 导出 > 媒体"命令，弹出"导出设置"对话框，在"格式"选项的下拉列表中选择"TIFF"选项，在"预设"选项的下拉列表中选择"PAL DV序列"选项，在"输出名称"文本框中输入文件名并设置文件的保存路径，勾选"导出视频"复选框，在"视频"扩展参数面板中必须勾选"导出为序列"复选框，其他参数保持默认状态，如图8-24所示。

图8-24

（3）单击"队列"按钮，打开"Adobe Media Encoder"窗口，单击右侧的"开始队列"按钮渲染输出视频，如图8-25所示。

图8-25

（4）输出完成后的静态图片序列文件如图8-26所示。

图8-26

第 *9* 章

商业案例实训

本章介绍

　　本章通过两个影视制作案例，进一步讲解Premiere的功能特色和使用技巧，使读者能够快速地掌握软件功能和知识要点，从而制作出变化丰富的多媒体效果。

学习目标

◆ 掌握软件功能的使用方法。
◆ 了解Premiere的常用设计领域。
◆ 掌握Premiere在不同设计领域的使用技巧。

技能目标

◆ 掌握"百变强音栏目包装"的制作方法。
◆ 掌握"歌曲MV"的制作方法。

9.1 百变强音栏目包装

9.1.1 【项目背景及要求】

1. 客户名称

乐媚传播网。

2. 客户需求

乐媚传播网是一家以音乐制作、媒体互动、歌曲搜索、专辑推荐、音乐排行等为主的音乐传播类网站。网站最新推出的百变强音栏目，需要制作栏目包装，要求体现出快乐、激情、热闹的气氛，让人产生积极参与的欲望。

3. 设计要求

（1）设计要以音乐元素为主导。

（2）设计形式要明快醒目，能表现出栏目特色。

（3）色彩要对比强烈，形成具有冲击力的画面。

（4）设计风格具有特色，能够让人一目了然、印象深刻。

（5）设计规格为720h×576V(1.0940)，25.00帧/秒，D1/DV PAL(1.0940)。

9.1.2 【项目设计及制作】

1. 设计素材

图片素材所在位置：本书学习资源中的"Ch09/百变强音栏目包装/素材/01~08"。

2. 设计作品

设计作品效果所在位置：本书学习资源中的"Ch09/百变强音栏目包装/百变强音栏目包装.prproj"，如图9-1所示。

图9-1

3. 制作要点

使用"字幕"命令添加并编辑文字，使用"特效控制台"面板编辑视频的位置和缩放比例制作动画效果，使用"方向模糊"特效为"02/02"视频添加方向性模糊效果并制作方向模糊动画，使用"镜头光晕"特效为"03/02"视频添加镜头光晕效果并制作光晕动画，使用"笔触"特效为"08/02"视频添加笔触效果。

9.1.3 【案例制作及步骤】

1. 添加项目文件

（1）启动Premiere Pro CS6软件，弹出"欢迎使用 Adobe Premiere Pro"欢迎界面，单击"新建项目"按钮 🔳，弹出"新建项目"对话框，设置"位置"选项，选择保存文件的路径，在"名称"文本框中输入文件名"百变强音栏目包装"，如图9-2所示。单击"确定"按钮，弹出"新建序列"对话框，在左侧的列表中展开"DV-PAL"选项，选中"标准 48kHz"模式，如图9-3所示，单击"确定"按钮完成序列的创建。

图9-2

图9-5

（3）选择"文件 > 新建 > 字幕"命令，弹出"新建字幕"对话框，如图9-6所示，单击"确定"按钮，弹出字幕编辑面板。选择"输入"工具 $\boxed{T}$ ，在字幕窗口中输入需要的文字，在"字幕样式"子面板中单击需要的样式，在"字幕属性"面板中进行设置，字幕窗口中的效果如图9-7所示。关闭字幕编辑面板，新建的字幕文件自动保存到"项目"面板中。

图9-6

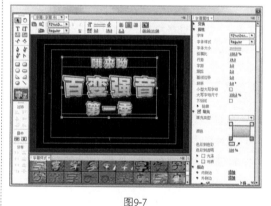

图9-7

图9-3

（2）选择"文件 > 导入"命令，弹出"导入"对话框，选择本书学习资源中的"Ch09\制作百变强音栏目包装\素材\01~08"文件，如图9-4所示，单击"打开"按钮，将素材文件导入"项目"面板，如图9-5所示。

2．制作图像动画

（1）在"项目"面板中，选中"01"文件并将其拖曳到"时间线"面板的"视频1"轨道中，弹出"素材不匹配警告"对话框，如图9-8所示，单击"保持现有设置"按钮，将"01"文件放置在"视频1"轨道中，如图9-9所示。

图9-4

图9-8

图9-9

（2）在"时间线"面板中，选中"01"文件，按<Ctrl>+<R>组合键，弹出"素材速度/持续时间"对话框，将"速度"选项设置为90，如图9-10所示，单击"确定"按钮，在"时间线"面板中的显示如图9-11所示。

图9-10

图9-11

（3）将时间标签放置在0:20s的位置，如图9-12所示。在"项目"面板中，选中"02"文件并将其拖曳到"时间线"面板的"视频2"轨道中，如图9-13所示。

图9-12

图9-13

（4）选中"视频2"轨道中的"02"文件。选择"特效控制台"面板，展开"运动"选项，将"位置"选项设置为1047和288，单击"位置"选项左侧的"切换动画"按钮，如图9-14所示，记录第1个动画关键帧。将时间标签放置在1:11s的位置，在"特效控制台"面板中将"位置"选项设为-334.5和288，如图9-15所示，记录第2个动画关键帧。

图9-14

图9-15

（5）将时间标签放置在2:02s的位置，在"特效控制台"面板中将"位置"选项设置为392和288，如图9-16所示，记录第3个动画关键帧。将时间标签放置在3:03s的位置，在"特效控制台"面板中将"位置"选项设置为404.2和288，如图9-17所示，记录第4个动画关键帧。

图9-16

图9-17

（6）将时间标签放置在3:11s的位置，在"特效控制台"面板中将"位置"选项设置为1050和288，如图9-18所示，记录第5个动画关键帧。在"节目"面板中预览效果，如图9-19所示。

图9-18

图9-19

（7）选择"窗口 > 效果"命令，弹出"效果"面板，展开"视频特效"分类选项，单击"模糊与锐化"文件夹前面的三角形按钮▶将其展开，选中"方向模糊"特效，如图9-20所示。将"方向模糊"特效拖曳到"时间线"面板的"视频2"轨道中的"02"文件上，如图9-21所示。

图9-20

图9-21

（8）将时间标签放置在2:02s的位置，在"特效控制台"面板中展开"方向模糊"特效，将"方向"选项设置为90，"模糊长度"选项设置为20，单击"模糊长度"选项左侧的"切换动画"按钮，如图9-22所示，记录第1个动画关键帧。将时间标签放置在2:15s的位置，在"特效控制台"面板中将"模糊长度"选项设置为0，如图9-23所示，记录第2个动画关键帧。

图9-22   图9-23

（9）用上述方法分别将"项目"面板中的素材拖曳到"时间线"面板中，并分别添加特效或关键帧动画，"时间线"面板如图9-24所示。在"节目"面板中预览效果，如图9-25所示。百变强音栏目包装制作完成。

图9-24

图9-25

课堂练习1——烹饪节目

练习1.1　【项目背景及要求】

1. 客户名称

大山美食生活网。

2. 客户需求

大山美食生活网是一家以丰富的美食内容与大量的饮食资讯而深受广大网民喜爱的个人网站。本例是为网站制作的烹饪节目，要求以动画的方式展现出广式爆炒大虾的制作方法，给人健康、美味和幸福感。

3. 设计要求

（1）以烹饪方式和步骤为主要内容。

（2）使用绿色和橙色为背景以体现出美味、健康的主题。

（3）设计要求表现出简单、便捷的制作方法。

（4）要求整个设计充满特色，让人印象深刻。

（5）设计规格为720h×576V(1.0940)，25.00帧/秒，D1/DV PAL(1.0940)。

练习1.2　【项目设计及制作】

1. 素材资源

图片素材所在位置： 本书学习资源中的"Ch09/烹饪节目/素材/01~06"。

2. 作品参考

设计作品参考效果所在位置： 本书学习资源中的"Ch09/烹饪节目/烹饪节目.prproj"，效果如图9-26所示。

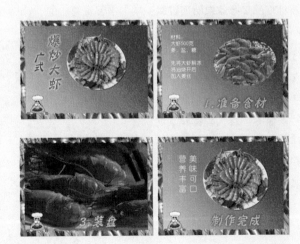

3. 制作要点

使用"字幕"命令添加标题及介绍文字，使用"特效控制台"面板编辑图像的位置、比例和透明度制作动画效果，使用"添加轨道"命令添加新轨道。

图9-26

练习2.1 【项目背景及要求】

1. 客户名称

麦得吉食品有限公司。

2. 客户需求

麦得吉食品有限公司是一家以出售汉堡、饮料为主连锁经营的快餐企业。该公司最近推出了一款新的汉堡和套餐产品，现在进行促销活动，需要制作一个针对此次活动的促销广告，要求能够体现该产品的特色。

3. 设计要求

（1）设计要以新推出的产品为主导。

（2）设计形式要简洁明晰，能表现出产品的特色。

（3）画面色彩要能体现出健康食品、美味可口的感觉。

（4）设计风格具有冲击力，让人一目了然、印象深刻。

（5）设计规格为720h×576V(1.0940)，25.00帧/秒，D1/DV PAL(1.0940)。

练习2.2 【项目设计及制作】

1. 素材资源

图片素材所在位置： 本书学习资源中的"Ch09/汉堡广告/素材/01~08"。

2. 作品参考

设计作品参考效果所在位置： 本书学习资源中的"Ch09/汉堡广告/汉堡广告.prproj"，效果如图9-27所示。

3. 制作要点

使用"字幕"命令添加并编辑文字，使用"特效控制台"面板编辑图像的位置、比例和透明度制作动画效果，使用"新建序列"和"添加轨道"命令添加新的序列和轨道。

图9-27

课后习题1——旅行相册

习题1.1　【项目背景及要求】

1. 客户名称

刘可平个人网站。

2. 客户需求

刘可平个人网站是一个自己创建的展示个人生活、感情经历及兴趣爱好等信息的网站。本例是为网站制作的夏威夷旅行相册，要求以动画的方式展现出旅行的见闻和风景，给人明快、活泼而不失典雅的感觉。

3. 设计要求

（1）以旅行的风景照片为主要内容。

（2）使用柔和的粉色和花朵来烘托画面，使画面看起来明快舒适。

（3）设计要求表现出旅行的见闻和风景。

（4）要求整个设计充满特色，让人印象深刻。

（5）设计规格为720h×576V(1.0940)，25.00帧/秒，D1/DV PAL(1.0940)。

习题1.2　【项目设计及制作】

1. 素材资源

图片素材所在位置：本书学习资源中的"Ch09/旅行相册/素材/01~10"。

2. 作品参考

设计作品参考效果所在位置：本书学习资源中的"Ch09/旅行相册/旅行相册.prproj"，效果如图9-28所示。

3. 制作要点

使用"字幕"命令添加相册文字，使用"镜头光晕"特效制作背景的光照效果，使用"特效控制台"面板制作文字的透明度动画，使用"效果"面板添加照片之间的切换特效。

图9-28

习题2.1 【项目背景及要求】

1. 客户名称

盘西野生动物园。

2. 客户需求

盘西野生动物园是一个集动物、森林、植物、科普等多种特色和观赏功能为一体的具有新型园林生态环境系统的园区。本例是为动物园制作的宣传栏目片头，要求以动画的方式展现出动物的特性和生活状态，给人自然和谐感。

3. 设计要求

（1）以动物的野生照片为主要内容。

（2）使用接近自然的颜色烘托画面，给人自然和谐感。

（3）设计要求表现出动物的特性和生活状态。

（4）要求整个设计充满特色，让人印象深刻。

（5）设计规格为720h×576V(1.0940)，25.00帧/秒，D1/DV PAL(1.0940)。

习题2.2 【项目设计及制作】

1. 素材资源

图片素材所在位置： 本书学习资源中的"Ch09/动物栏目片头/素材/01~08"。

2. 作品参考

设计作品参考效果所在位置： 本书学习资源中的"Ch09/动物栏目片头/动物栏目片头.prproj"，效果如图9-29所示。

3. 制作要点

使用"字幕"命令添加并编辑文字，使用"特效控制台"面板编辑视频的缩放比例和透明度制作动画效果，使用不同的转场命令制作视频之间的转场效果，使用"亮度与对比度"特效调整视频的亮度与对比度，使用"四色渐变"特效为视频添加四色渐变效果。

图9-29

9.2　歌曲MV

9.2.1　【项目背景及要求】

1．客户名称

儿童教育网站。

2．客户需求

儿童教育网站是一家以儿童教学为主的网站，网站中的内容充满知识性和趣味性，使孩子在乐趣中学习知识。要求进行歌曲MV的制作，设计要符合儿童的喜好，避免出现成人化现象，要展示出歌曲的主题。

3．设计要求

（1）设计要以歌曲主题照片为主导。

（2）设计形式要明快醒目，能够表现出歌曲特色。

（3）色彩要对比强烈，形成具有冲击力的画面。

（4）设计风格具有特色，能够让人一目了然、印象深刻。

（5）设计规格为720h×576V(1.0940)，25.00帧/秒，D1/DV PAL(1.0940)。

9.2.2　【项目设计及制作】

1．设计素材

图片素材所在位置： 本书学习资源中的"Ch09/歌曲MV/素材/01~08"。

2．设计作品

设计作品效果所在位置： 本书学习资源中的"Ch09/歌曲MV/歌曲MV.prproj"，如图9-30所示。

图9-30

3．制作要点

使用"导入"命令导入素材图片，使用"特效控制台"面板制作图片的位置、缩放比例和透明度动画，使用"效果"面板添加视频特效。

9.2.3　【案例制作及步骤】

1．导入图片

（1）启动Premiere Pro CS6软件，弹出"欢迎使用 Adobe Premiere Pro"欢迎界面，单击"新建项目"按钮，弹出"新建项目"对话框，设置"位置"选项，选择保存文件的路径，在"名称"文本框中输入文件名"歌曲MV"，如图9-31所示。单击"确定"按钮，弹出"新建序列"对话框，在左侧的列表中展开"DV-PAL"选项，选中"标准 48kHz"模式，如图9-32所示，单击"确定"按钮完成序列的创建。

图9-31

图9-32

（2）选择"文件 > 导入"命令，弹出"导入"对话框，选择本书学习资源中的"Ch09/歌曲MV/素材/01~08"文件，单击"打开"按钮，导入文件，如图9-33所示。导入后的文件排列在"项目"面板中，如图9-34所示。

图9-33

图9-34

（3）选择"文件 > 新建 > 字幕"命令，弹

出"新建字幕"对话框，在"名称"文本框中输入"新年好"，如图9-35所示，单击"确定"按钮，弹出字幕编辑面板。选择"输入"工具$\boxed{T}$，在字幕窗口中输入需要的文字，在"字幕样式"面板中选择适当的文字样式，选择"字幕属性"面板，展开"属性"选项并进行参数设置，字幕窗口中的效果如图9-36所示。

图9-35

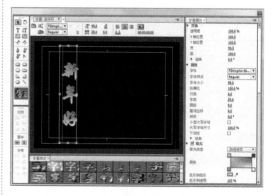

图9-36

2. 制作文件的叠加动画

（1）在"项目"面板中，选中"01"文件并将其拖曳到"时间线"窗口的"视频1"轨道上，如图9-37所示。将时间指示器放置在6:07s的位置，将鼠标指针放在"01"文件的尾部，当鼠标指针呈$\blacktriangleleft$状时，向后拖曳鼠标到6:07s的位置上，如图9-38所示。使用相同的方法将其他文件添加到"时间线"窗口中，并调整到适当的位置上，效果如图9-39所示。

图9-37

图9-38

图9-39

（2）将时间指示器放置在0s的位置，在"时间线"窗口中选择"01"文件。选择"特效控制台"面板，展开"运动"选项，将"位置"选项设为373.0和288.0，"缩放比例"选项设为120，如图9-40所示。在"节目"窗口中预览效果，如图9-41所示。

图9-40

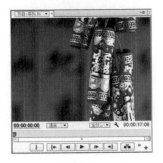

图9-41

（3）将时间指示器放置在6:07s的位置，在"时间线"窗口中选择"02"文件。选择"特效控制台"面板，展开"运动"选项，将"缩放比例"选项设为69.1，单击"缩放比例"选项左侧的"切换动画"按钮，记录第1个动画关键帧，如图9-42所示。将时间指示器放置在6:20s的位置，将"缩放比例"选项设为50，记录第2个动画关键帧，如图9-43所示。

（4）将时间指示器放置在7:18s的位置，在"时间线"窗口中选择"03"文件。选择"特效控制台"面板，展开"运动"选项，将"缩放比例"选项设为101，如图9-44所示。

图9-42

图9-43

图9-44

（5）将时间指示器放置在9:03s的位置，在"时间线"窗口中选择"04"文件。选择"特效控制台"面板，展开"运动"选项，将"缩放比例"选项设为300.0，"旋转"选项设为-60.0，单击"缩放比例"和"旋转"选项左侧的"切换动画"按钮，记录第1个动画关键帧，如图9-45所示。将时间指示器放置在11:00s的位置,将"缩放比例"选项设为100.0,"旋转"选项设为0,记录第2个动画关键帧,如图9-46所示。

图9-45

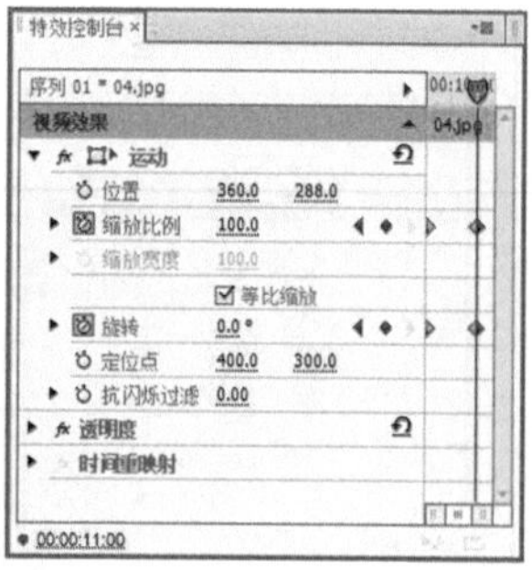

图9-46

（6）将时间指示器放置在14:12s的位置,在"时间线"窗口中选择"06"文件。选择"特效控制台"面板,展开"运动"选项,将"缩放比例"选项设为90.0,单击"缩放比例"选项左侧的"切换动画"按钮,记录第1个动画关键帧,如图9-47所示。将时间指示器放置在17:08s的位置,将"缩放比例"选项设为30.0,记录第2个动画关键帧,如图9-48所示。

图9-47

图9-48

（7）选择"窗口 > 效果"命令,弹出"效果"面板,展开"视频切换"特效分类选项,单击"擦除"文件夹前面的三角形按钮▶将其展开,选中"百叶窗"特效,如图9-49所示。将"百叶窗"特效拖曳到"时间线"窗口中"02"文件的结束位置和"03"文件的开始位置,如图9-50所示。使用相同的方法在其他位置添加特效,如图9-51所示。

图9-49

图9-50

图9-51

（8）在"项目"面板中,选中"08"文件并将其拖曳到"时间线"窗口中的"视频2"轨道上,如图9-52所示。将鼠标指针放在"08"文件的尾部,当鼠标指针呈状时,向前拖曳鼠标到17:08s的位置上,如图9-53所示。

图9-52

图9-53

（9）将时间指示器放置在5:00s的位置，在"特效控制台"面板中展开"运动"选项，将"位置"选项设为360.0和500.0，展开"透明度"选项，将"透明度"选项设为0，记录第1个动画关键帧，如图9-54所示。将时间指示器放置在6:07s的位置，将"透明度"选项设为100，记录第2个动画关键帧，如图9-55所示。

图9-54

图9-55

（10）在"效果"面板中展开"视频特效"分类选项，单击"键控"文件夹前面的三角形按钮▶将其展开，选中"蓝屏键"特效，如图9-56所

示。将"蓝屏键"特效拖曳到"时间线"窗口中的"08"文件上。在"特效控制台"面板中展开"蓝屏键"特效，选项设置如图9-57所示。在"节目"窗口中预览效果，如图9-58所示。

图9-56

图9-57

图9-58

（11）在"效果"面板中展开"视频切换"分类选项，单击"叠化"文件夹前面的三角形按钮▶将其展开，选中"交叉叠化"特效，如图9-59所示。将"交叉叠化"特效拖曳到"时间线"窗口中"08"文件的开始位置，如图9-60所示。

图9-59

图9-60

（12）在"项目"面板中，选中"新年好"文件并将其拖曳到"时间线"窗口中的"视频3"轨道上，如图9-61所示。将时间指示器放置在6:11s的位置，将鼠标指针放在"新年好"文件的尾部，当鼠标指针呈◄状时，向后拖曳鼠标到6:11s的位置上，如图9-62所示。

图9-61

图9-62

（13）将时间指示器放置在2:00s的位置，在"特效控制台"面板中展开"透明度"选项，单击右侧的"添加/移除关键帧"按钮◇，记录第1个动画关键帧，如图9-63所示。将时间指示器放置在6:11s的位置，将"透明度"选项设为0，记录第2个动画关键帧，如图9-64所示。

图9-63

图9-64

（14）在"项目"面板中，选中"07"文件并将其拖曳到"时间线"窗口中的"音频1"轨道上。将时间指示器放置在17:08s的位置，将鼠标指针放在"07"文件的尾部，当鼠标指针呈◄状时，向前拖曳鼠标到17:08s的位置上，如图9-65所示。

图9-65

（15）将时间指示器放置在16:00s的位置，在"特效控制台"面板中单击"级别"选项右侧的"添加/移除关键帧"按钮◇，记录第1个动画关键帧，如图9-66所示。将时间指示器放置在17:08s的位置，将"级别"选项设为-24.3，记录第2个动画关键帧，如图9-67所示。歌曲MV制作完成，如图9-68所示。

图9-66

图9-67

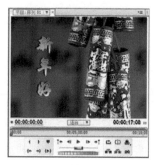

图9-68

课堂练习1——摄像机广告

练习1.1　【项目背景及要求】

1. 客户名称

卡博米数码科技有限公司。

2. 客户需求

卡博米数码科技有限公司是一家集研发、生产、销售为一体的专业数码影音产品生产企业。该公司最近推出了一款新的摄像机产品，现在进行促销活动，需要制作一个针对此次活动的促销广告，要求能够体现出该产品的特色。

3. 设计要求

（1）设计要以新推出的产品为主导。

（2）设计形式要简洁明晰，能够表现出产品的特色。

（3）画面色彩要能体现出科技、高端的感觉。

（4）设计风格让人一目了然、印象深刻。

（5）设计规格为720h×576V(1.0940)，25.00帧/秒，D1/DV PAL(1.0940)。

练习1.2　【项目设计及制作】

1. 素材资源

图片素材所在位置：本书学习资源中的"Ch09/摄像机广告/素材/01~12"。

2. 作品参考

设计作品参考效果所在位置：本书学习资源中的"Ch09/摄像机广告/摄像机广告.prproj"，效果如图9-69所示。

3. 制作要点

使用"字幕"命令绘制白色背景，使用"特效控制台"面板制作图片的位置和透明度动画，使用"效果"面板制作素材的转场效果。

图9-69

练习2.1 【项目背景及要求】

1. 客户名称

路暮个人网站。

2. 客户需求

路暮个人网站是一个展示个人生活、感情经历及兴趣爱好等信息的网站。本例是为网站制作的旅行纪录片，要求以动画的方式展现出自行车团队在旅程中的风景和经历，能给人一种团结向上、勇往直前的感觉。

3. 设计要求

（1）以旅程的风景和经历为主要内容。

（2）使用暖色的片头烘托出明亮、健康、温暖的氛围。

（3）设计要求表现出团结自律、积极向上的感觉。

（4）要求整个设计充满特色，让人印象深刻。

（5）设计规格为720h×576V(1.0940)，25.00帧/秒，D1/DV PAL(1.0940)。

练习2.2 【项目设计及制作】

1. 素材资源

图片素材所在位置： 本书学习资源中的"Ch09/自行车手纪录片/素材/01~07"。

2. 作品参考

设计作品参考效果所在位置： 本书学习资源中的"Ch09/自行车手纪录片/自行车手纪录片.prproj"，效果如图9-70所示。

3. 制作要点

使用"字幕"命令添加并编辑文字；使用"特效控制台"面板编辑视频的位置、缩放比例和透明度制作动画效果；使用不同的转场命令制作视频之间的转场效果；使用"镜头光晕"特效为01视频添加镜头光晕效果，并制作光晕的动画效果；使用"高斯模糊"特效为文字添加模糊效果，并制作模糊的动画效果。

图9-70

课后习题1——卡拉OK

习题1.1 【项目背景及要求】

1. 客户名称

渃优歌曲网站。

2. 客户需求

渃优歌曲网站是一家拥有正版、庞大、完整的曲库，歌曲更新迅速，试听流畅，口碑极佳的网站。要求进行卡拉OK歌曲的制作，设计要符合歌曲的意境和主题，让人一目了然，给人清新、醒目感。

3. 设计要求

（1）设计要以歌曲主题照片为主导。

（2）设计形式要突出主题，有层次感，能够表现出歌曲特色。

（3）画面色彩要清晰醒目，具有特点。

（4）设计风格具有特色，能够让人一目了然、印象深刻。

（5）设计规格为720h×576V(1.0940)，25.00帧/秒，D1/DV PAL(1.0940)。

习题1.2 【项目设计及制作】

1. 素材资源

图片素材所在位置：本书学习资源中的"Ch09/卡拉OK /素材/01~09"。

2. 作品参考

设计作品参考效果所在位置：本书学习资源中的"Ch09/卡拉OK /卡拉OK.prproj"，效果如图9-71所示。

3. 制作要点

使用"字幕"命令添加字幕和图形，使用"特效控制台"面板制作图片的位置和音频的动画，使用"效果"面板制作素材之间的转场和特效。

图9-71

习题2.1 【项目背景及要求】

1. 客户名称

悦山旅游电视台。

2. 客户需求

悦山旅游电视台是一家旅游电视台，它介绍最新的时尚旅游资讯信息、提供实用的旅行计划、体现时尚生活和潮流消费等信息。本例是为电视台制作的环球名胜博览纪录片，要求符合纪录片主题，体现出丰富多样的旅游景色和舒适安全的旅游环境。

3. 设计要求

（1）设计要以风景元素为主导。

（2）设计形式要简洁明晰，能够表现出片头特色。

（3）画面色彩要真实形象，给人自然舒适的印象。

（4）设计风格要醒目直观，能够让人产生向往之情。

（5）设计规格为720h×576V(1.0940)，25.00帧/秒，D1/DV PAL(1.0940)。

习题2.2 【项目设计及制作】

1. 素材资源

图片素材所在位置： 本书学习资源中的"Ch09/环球名胜博览/素材/01~09"。

2. 作品参考

设计作品参考效果所在位置： 本书学习资源中的"Ch09/环球名胜博览/环球名胜博览.prproj"，效果如图9-72所示。

3. 制作要点

使用"字幕"命令添加并编辑文字；使用"特效控制台"面板编辑视频的位置、缩放比例和透明度制作动画效果；使用不同的转场命令制作视频之间的转场效果；使用"旋转扭曲"特效为视频添加变形效果，并制作旋转扭曲的动画效果；使用"RGB曲线"特效调整视频的色彩。

图9-72